B.S.A. MOTOR CYCLES LTD.

Handbuch für Motorräder BSA

Technik
Verlag

B.S.A. MOTOR CYCLES LTD.

Handbuch für Motorräder BSA

ISBN/EAN: 9783944351001

Auflage: 1

Erscheinungsjahr: 2013

Erscheinungsort: Bremen, Deutschland

Technik
Verlag

ERGÄNZUNG DER BETRIEBSANLEITUNG FÜR TYPEN 1956

(Bitte diese Augaben den entsprechenden Teilen der folgenden Betriebsanleitung hinzuzufügen!)

Im wesentlichen sind die Anleitungen für die Modelle 1956 dieselben wie für die Typen des Jahres 1955. Etwaige Abweichungen werden im folgenden angegeben.

Typen D3 (150 ccm Bantam Major)

Diese Typen sind nunmehr mit einer Schwingarm- Hinterradfederung ausgestattet Die beiden Aufhängeeinheiten bestehen aus einer Tele- Dämpfung und einer vollständig eingeschlossenen Spiralfeder. Die hydraulischen Dämpfer erfordern keine wie immer geartete Wartung. Sie werden bei der Herstellung zugeschmolzen. Wenn sie nicht mehr richtig arbeiten oder beschädigt werden, müssen sie erneuert werden.

Die Aufhängeeinheiten können vom Rahmen abgenommen werden, nachdem man die oberen Zapfenschrauben und die unteren Haltemuttern entfernt hat. Das obere Federgehäuse wird durch 2 „collets“ gehalten. Die Feder muss erst zusammengedrückt werden, bevor diese entfernt werden können.

Der Rahmen erfordert keine Wartung. Nach einem Unfall jedoch soll er sorgfältig überprüft werden. Auch die Radspur ist dann zu kontrollieren. Ist der Rahmen beschädigt oder verzogen, so muss er erneuert werden.

Die Silent-Blocks an der rückwärtigen Gabel haben eine ausserordentlich lange Lebensdauer. Eine Erneuerung wird wahrscheinlich niemals notwendig sein.

C1OL Modelle (250 ccm Seitengesteuert)

Diese Typen sind nunmehr mit hydraulisch gedämpften Teleskop-Vordergabeln ausgestattet. Im Wesentlichen sind die Betriebsanleitungen dieselben wir für die Typen C11G des Jahres 1955.

C12 Modelle (250 ccm O.H.V.)

Diese Type ersetzt die Type C11G des Jahres 1955. Die hauptsächlichen und speziellen Betriebsanleitungen sind ähnlich wie dort. Nur ist sie jetzt mit einer Schwingarm- Hinterradfederung versehen. Obwohl diese nicht dieselbe ist wie bei der Type D3 (siehe dort), ist sie ähnlich gebaut und die Betriebsanleitungen sind auch hier im wesentlichen dieselben.

Einstellung der Sekundärkette bei den Typen D3 und C12

Zur Einstellung der Sekundärkette stellt man die Maschine auf ihren Ständer.

Die Einstellung ist dann richtig, wenn das Spiel in der Mitte der Kette 2 cm (3/4 Zoll) beträgt.

B und A Modelle mit Schwingarm- Hinterradaufhängung

Diese Typen sind nunmehr mit Aluminium – Vollnaben ausgestattet. Diese werden bei der Herstellung mit Fett gefüllt, sodass keine weitere Schmierung notwendig ist. Die Maschinen laufen auf Kugellagern, welche keine Einstellung erfordern.

Die Einstellung der Bremse wird an dem Drehzapfen (der Bremsbacken) vorgenommen, welcher sich am Bremsdeckel gerade gegenüber des Bedienungshebels befindet. Bei der Einstellung fasst man den vierkantigen Kopf des Einstellstiftes und dreht in in die Richtung des Uhrzeigers. Auf diese Weise wird die Abnützung des Bremsbelages kompensiert.

Die Einstellung wird durch eine Feder gesperrt und die Feder springt beim Hineindrehen des Stiftes immer wieder ein. Man spürt dies am Schraubenzieher. Zur Einstellung dreht man den Einstellstift so weit es geht hinein. Dann dreht man so lange zurück, bis man einmal das Einspringen der Feder fühlt. Diese Einstellung soll vorgenommen werden, wenn die Maschine auf ihrem Ständer steht. Das Rad soll vom Boden abgehoben sein.

Die Nockenspindel der Bremse ist mit einem Schmiernippel versehen. Alle 1500 km (1,000 Meilen) soll ein Stoss aus der Fettpresse gegeben werden.

Radausbau (A und B Modelle mit Schwingarm- Hinterradfederung)

Der Ausbau des Vorderrades ist wie im Buch für die Typen des Jahres 1955 beschrieben vorzunehmen. Das Hinterrad kann schnell abgenommen werden. Man geht dabei folgendermassen vor: Man schraubt die vier Rundkopfmuttern ab, welche das rückwärtige Kettenrad auf der Nabe befestigen. Dann schraubt man die Radachse auf der rechten Seite der Maschine heraus. Das Beilagestück wird herausgenommen und schliesslich das Rad nach rechts geschoben, sodass die Stiften aus dem Zahnrad gleiten. Das Bedienungskabel für die Bremse und der Kabelhaltestift müssen ebenfalls abgenommen werden.

Bei Maschinen mit Kettenkasten für die Sekundärkette findet man Zugang zu den 4 Rundkopfmuttern, welche das Zahnrad (Kettenrad) auf der Nabe befestigen, wenn man den Gummizapfen am Kettenkasten entfernt. Verdreht man das Rad dann jeweils um 90 Grad, so kann man die Muttern nacheinander abschrauben.

A7 Shooting Star und A10 Road Rocket

Die Einlassvorrichtung bildet nunmehr einen Teil des Zylinderkopfgusses. Die Beiden Verbindungssitze mit den Fixierschrauben fallen daher weg.

BETRIEBSANLEITUNG

Benzinhähne

Sie befinden sich unterhalb des Tankes auf der rückwärtigen Seite. Diese Hähne haben einen gerändelten und einen sechskantigen Knopf. Um den Benzinhahn zu öffnen, drücke man den gerändelten Knopf hinein; um ihn zu schliessen, den sechskantigen Knopf.

Bei den Typen C und D wird der Benzinhahn durch Herausziehen und Linksdrehung geöffnet. Um den Benzinhahn zu schliessen, wird der Knopf nach rechts gedreht und hineingedrückt.

Die Modelle A haben zwei Hähne, welche beide mit dem Haupttank in Verbindung stehen. Wird nur einer der beiden Hähne geöffnet, so bleibt eine Reserve im Tank, die erst nach Betätigung des zweiten Hahnes verfügbar wird.

Bei den Typen B und M befindet sich am oberen Teil des Benzinhahnes ein Hebel für Reservebenzin. Wird dieser Hebel in die mit „RES“ bezeichnete Stellung gebracht, so wird der Reservetreibstoff verfügbar. Er soll aber erst dann auf „Reserve“ geschaltet werden, wenn der Hauptvorrat des Tankes erschöpft ist.

Zündschalter

Dieser ist am Rücken des Scheinwerfers montiert Die Schalterstellungen sind folgende:

Typen D (Lucas- Ausstattung):

(Nicht in Gebrauch seit 1954.)

„EMG“ (für Hilfsstart).

„OFF“ (ausgeschaltet).

„IGN“ (für normalen Start).

Für gewöhnlich wird die Maschine bei Schalterstellung „IGN“ gestartet. Ist die Batterie aber leer, so muss der Schalter auf „EMG“ umgestellt werden.

In gewissen Fällen muss der Schalter auf „PILOT“ gestellt werden, damit der Generator genügend Strom für einen Hilfsstart ohne Batterie erzeugt.

Sobald die Maschine gestartet ist, drehe man den Schalter auf „IGN“ zurück; andernfalls würde die Batterie nicht aufgeladen werden.

Zur Beachtung: Man versuche niemals, die Maschine zu starten, ganz gleich in welcher Stellung sich der Zündschalter befindet, wenn die Batterie nicht im Stromkreis liegt; dies gilt auch dann, wenn die Batterie vollkommen entleert ist. Bei Nichtbeachtung dieser Vorschrift kann es vorkommen, dass der vom Generator erzeugte Strom eine so hohe Spannung erreicht, dass er die Glühbirnen durchbrennt, wenn der Scheinwerfer zufällig eingeschaltet sein sollte (z.B. beim Starten in der Nacht).

TYPEN D

Wico Pacy Batterie- Lichtanlage

Die drei Stellungen für den Lichtschalter Sind: „OFF“ (aus), „LOW“ (Nah- und Standlicht) und „HEAD“ (Fernlicht). Beim Parken wird der Strom für das Standlicht von einer innerhalb des Scheinwerfers hinter dem Hohlspiegel angebrachten Trockenbatterie geliefert.

Wico Pacy Batterie- Satz

Diese Ausstattung ist dieselbe wie die oben beschriebene für die Batterielichtanlage. Zum Unterschied von der letzteren gibt es aber hier einen zusätzlichen Gleichrichter, der zum Zweck der Batterie- Aufladung Wechselstrom in Gleichstrom umwandelt.

Lichtschalter

Wenn die Batterie entladen ist, muss der Lichtschalter auf „LOW“ gestellt werden. Es wird dann bei laufendem Motor der höchstmögliche Aufladestrom für die Batterie geliefert.

Besondere Umstände

Bei längerem Betrieb ohne Batterie ist es notwendig, die Batterieleitungen zu unterbrechen und die Batterie zu entfernen. Der negative Pol wird dann an Masse gelegt.

In diesem Falle sind Licht- und Signalanlage ausser Betrieb. Wenn man dies unterlässt, kann dem Gleichrichter schwerer Schaden zugefügt werden.

Zur Beachtung: Beim Wiedereinbau der Batterie ist der positive Pol an Masse zu legen.

Batterie

Die Varley- Batterie (voll aufgeladen) ist ein Bleisäure- Akku und besitzt dieselben allgemeinen Eigenschaften wie ein bleifreier Säure- Akku. Bei allen Typen D, welche mit der Wico- Pacy Ausstattung versehen sind, wird der negative Pol an Masse gelegt, bei allen anderen BSA-Motorrädern der positive Pol.

Zündschalter (Typen C1OL und C11G)

Die Vorschriften sind so wie oben, nur wird hier der positive Pol an Masse gelegt. Wenn man den Zündschalter auf „EMG“ stellt, kann man auch ohne Batterie starten, doch muss in diesem Fall der Minuspol an Masse gelegt werden.

Luftklappe (Typen D)

Diese ist im Lufteinlasstrichter des Vergasers angebracht und besteht aus einer durchlöcherten Scheibe, welche bei Drehung die entsprechenden Löcher im Lufteinlasstrichter abdeckt oder freigibt. Auf diese Weise wird der zum Vergaser streichende Luftstrom reguliert. Man schliesst die Luftklappe, indem man einen rechts befindlichen kleinen Hebel anhebt. Die zum Vergaser streichende Luft wird auf ein Minimum reduziert und der Motor mit einem sehr benzinreichen Gemisch versorgt. Für gewöhnlich soll die Luftklappe immer offen sein und nur bei Kaltstart geschlossen werden.

Gemisch- Schmierung (Typen D)

Diese Motoren werden durch das Gemisch- System geschmiert. Das Schmieröl für den Motor wird im Treibstoff vermengt. Das richtige Mischungsverhältnis muss stets eingehalten werden.

Das Mischungsverhältnis und die von uns empfohlenen Ölsorten sind am Tankverschluss angegeben.

Es ist wesentlich, dass das Öl im Benzin vollkommen verteilt wird. Man mische daher die beiden Flüssigkeiten in einem eigenen Behälter gründlich, bevor man sie in den Tank giesst. Wenn das nicht möglich ist, giesst man das Öl nach dem Benzin in den Tank und schüttelt das Motorrad. Wenn man das unterlässt, besteht die Gefahr, dass unverdünntes Öl zum Vergaser gelangt und das Treibstoffsystem stört.

Zündunterbrechung bei Typen A

Diese ist auf der linken Seite des Lenkers angebracht und besteht aus einem Druckknopf. Wird dieser ein bis zwei Sekunden lang betätigt, so bleibt der Motor stehen.

FAHREN

Start (gilt nicht für Typen C und D)

Es wird empfohlen, die ersten Startversuche über der Maschine stehend vorzunehmen; man wird sie so leichter halten können. Die Gang- Anzeige muss sich in der neutralen Stellung, das heisst zwischen erstem und zweitem Gang befinden. Wenn nämlich ein Gang eingelegt ist, bewegt sich die Maschine bei Betätigung des Kickstarters nach vorwärts.

Bei kaltem Motor drückt man erst etwas auf den Vergaser- Tupfer. Die Luftklappe wird geschlossen, die Vorzündung vermindert und der Gasdrehgriff etwas geöffnet. Der Kickstarter wird nieder-gedrückt, bis man den Widerstand der Kompression fühlt. Dann wird der Dekompressor betätigt und der Kickstarter etwas weiter nach abwärts gedrückt. Man lässt den Dekompressor wieder los, lässt den Kickstarter zurückfedern und gibt ihm einen neuerlichen, starken Stoss abwärts.

Dieser Startvorgang soll immer eingehalten werden, da er dem Motor gestattet, genügend Schwung zur Uberwindung des Widerstandes beim folgenden Kompressionstakt zu sammeln.

Zur Beachtung: Bei Kaltstart muss die Luftklappe geschlossen werden. Bei warmen Motor ist dies nicht notwendig.

Bei normalem Betrieb soll die Luftklappe immer offen sein, obwohl manchmal bei langsamen Fahrten auf steigenden Strassen ein kleiner Kraftgewinn erreicht wird, wenn man die Luftklappe etwas schliesst.

Für gewöhnlich soll während der Fahrt das Motorrad auf volle Vorzündung gestellt werden (wenn Hand- Einstellungsvorrichtung vorhanden). Ist die Maschine mehr als gewöhnlich belastet, so mag es vorteilhaft sein, die Vorzündung etwas zu vermindern. Die Einstellung der Vorzündung ist in erster Linie eine Angelegenheit der Erfahrung.

Start (Typen D)

Bei den Typen mit Batteriezündung erfolgt der Start in derselben Weise, wie dies oben beschrieben wurde. Man beachte allerdings, dass hier die Luftdrosselung im Luftansaugtrichter des Vergasers zu finden ist. Zur Betätigung der Luftklappe hebe man einen kleinen rechts befindlichen Hebel nach aufwärts (Luftzufuhr gedrosselt) und drücke ihn wieder hinunter, sobald der Motor läuft.

Bei den Typen D, mit Wico-Pacy-Zerhackern (Batteriesatz), ist der Start wie oben beschrieben durchzuführen; allerdings muss der Zündschlüssel erst auf „0N“ gestellt werden.

Start (Typen C)

Man schalte die Zündung ein (siehe unter Zündschalter) und starte dann wie oben beschrieben. Diese Typen besitzen keinen Hebel für die Luftdrosselung.

ALLE TYPEN

Einschalten des ersten Ganges

Der Kupplungshebel wird angezogen (d.h. es wird ausgekuppelt). Der Fusschalthebel wird nach aufwärts gezogen, bis er einschnappt (bei den Typen D nach abwärts gedrückt). Wenn man beim Einschalten des ersten Ganges Widerstand verspürt, so bewege man das Motorrad etwas nach vor und zurück und übe dabei einen leichten Druck auf den Fusschalthebel aus, bis der Gang richtig greift.

Wegfahren

Man öffne langsam und mit Gefühl den Gasdrehgriff. Ebenso langsam lasse man den Kupplungshebel los. Sobald die Kupplung etwas greift, öffne man den Gasdrehgriff stärker und wenn die Kupplung richtig greift, kann die Maschine zu einer angemessenen Strassengeschwindigkeit beschleunigt werden, die es gestattet, in den nächsten Gang weiterzuschalten.

Gang- Schalten (hinauf)

Man schliesse den Gasdrehgriff, ziehe die Kupplung und drücke den Fusshebel für die Gangschaltung hinunter (bei Typen D hinauf) bis er einschnappt. Alle diese Vorgänge sind beinahe gleichzeitig durchzuführen. Unmittelbar nach der Schaltung lässt man die Kupplung wieder los und gibt Gas.

Gang- Schalten (hinunter)

Um einen niedrigeren Gang einzuschalten (Hinunterschalten), beachte man folgendes: man öffne langsam den Gasdrehgriff, ziehe die Kupplung und hebe den Fusschalthebel nach oben (bei D Typen drücke man ihn abwärts), bis er einschnappt; diese Vorgänge sollen gleichzeitig vor sich gehen. Unmittelbar darauf lasse man die Kupplung wieder los.

Zur Beachtung: Die Schaltvorgänge sind ganz leicht durchzuführen und ein wenig Übung wird ein Schnelles und ruhiges Schalten gewährleisten. Sowohl beim Hinauf-, als auch beim Hinunterschalten ist es vorteilhaft, den Fusshebel, nachdem man ihn in die entsprechende Gangstellung gebracht hat, solange mit dem Fuss etwas zu halten, bis man die Kupplung losgelassen hat und fühlt, dass der Gang richtig greift. Beim Starten soll der Gasdrehgriff nicht übermässig geöffnet werden; auf Stand soll der Motor nicht hochtourig laufen.

Um die Geschwindigkeit zu regeln, benütze man den Gasdrehgriff, vor allem auch beim Bergabfahren, indem man einen niedrigen Gang einschaltet und mit wenig Gas fahrt. Auf sehr schlüpfrigen Strassen wird es empfohlen, mit ,dem Motor zu bremsen, besonders in Verbindung mit einem niedrigeren Gang. Es ist niemals ratsam – ausgenommen bei zwingender Notwendigkeit – brüsk zu beschleunigen oder jäh zu bremsen; auf rutschigen Strassen ist beides ausserordentlich gefährlich.

DAS RICHTIGE EINFAHREN EINES NEUEN MOTORRADES

Der Fahrer, der eben ein neues Motorrad gekauft hat, sollte stets daran denken, dass die inneren Teile ebenso neu sind, wie Lack und Verchromung. Das Motorrad muss gut „eingefahren" werden, bevor es voll leistungsfähig ist. Die „Einfahrzeit" ist die wichtigste Periode im Leben des Motorrades. Gute Behandlung während der ersten tausend bis tausendfünfhundert Meilen (ca. tausendfünfhundert bis zweitausendfünfhundert Kilometer) macht sich für die ganze Lebenszeit der Maschine bezahlt.

Der Gasdrehgriff soll in dieser Zeit nicht mehr als bis zur Hälfte geöffnet werden, wobei es gleichgültig ist, in welchem Gang man fährt. Bei übermässigen Geschwindigkeiten besteht die Gefahr, dass der Kolben klemmt oder dass andere Schäden eintreten. Man vermeide brüske Beschleunigungen, wenn die Maschine nicht ausgelastet ist; bei Steigungen lasse man die Maschine nicht in einem höheren Gang arbeiten, wenn das Schalten auf einen niedrigeren Gang dem Motor die Last erleichtern würde.

Alle Typen ausser D1 und D3

Man lasse den Ölspiegel im Tank nicht allzutief fallen, da Sparsamkeit bei Öl auf lange Sicht hin in anderen Belangen teuer zu stehen kommt. Wenn man beständig mit einem zu niedrigen Ölstand fahrt, kann das Öl übermässig heiss werden. Es sei daran erinnert, dass das Öl nicht nur für Schmierung, sondern auch für Kühlung zu sorgen hat und dass eine neue Maschine mehr dazu neigt, heiss zu werden als eine „eingefahrene". Nach den ersten 250 Meilen (ca 400 km) entleere man den Öltank und fülle ihn mit frischem Öl. Auch das Filter ist bei dieser Gelegenheit zu reinigen. Der nächste Ölwechsel erfolgt nach tausend Meilen (ca. 1600 km), die weiteren Ölwechsel alle 2000 Meilen (ca. 3000 km). Die richtigen Ölsorten sind in der Schmiermitteltabelle, welche sich im Hefte rückwärts befindet, verzeichnet.

Noch ein wertvoller Hinweis: Beim Benzintanken verlange man ein zusätzliches Oberschmiermittel, das dem Treibstoff beigemengt wird. Wenn dies schwer erhältlich ist, gebe man selbst ca. einen Eierbecher voll Motorenöl auf 2 Gallonen (ca. 9 Liter) Benzin.

Typen D1 und D3

Nach den ersten 250 Meilen (ca. 400 km) entferne man den kleineren der beiden Schrauben vom Boden des Kurbelgehäuses und lasse alles Öl, das sich hier angesammelt hat, herausrinnen. Bei der Gemisch-Schmierung gibt es nie eine grössere Menge von flüssigem Öl im Kurbelgehäuse, aber was immer an

Öl hier vorgefunden wird, soll abgelassen werden; dies geschieht am besten dann, wenn der Motor warm ist, also etwa nach einer Fahrt. Das Öl wird dann frei herausfliessen und alle Fremdkörper welche sich beim Einfahren im Kurbelgehäuse angesammelt haben, wegspülen.

Die Ablasschraube muss hierauf wieder eingesetzt und fest angezogen werden, damit im Kurbelgehäuse kein Kompressionsverlust eintritt.

Auch vom Getriebe soll während der Einfahrzeit Öl abgelassen und das Getriebe ausgespült werden. Am besten geschieht dies zu gleicher Zeit wie beim Kurbelgehäuse. Die Ablasschraube für das Getriebe ist die grössere der beiden Schrauben, welche sich unterhalb des Motorgetriebeblockes befinden.

DAS SCHMIERSYSTEM (AUSGENOMMEN TYPEN D1 und D3)

Zur Anwendung gelangt die Trockensumpfschmierung (Abb. 1 und 2), welche durch eine Doppelzahnradpumpe, die sich im unteren Teil des Kurbelgehäuses befindet, angetrieben wird. Alle Ölwege sind innen, mit

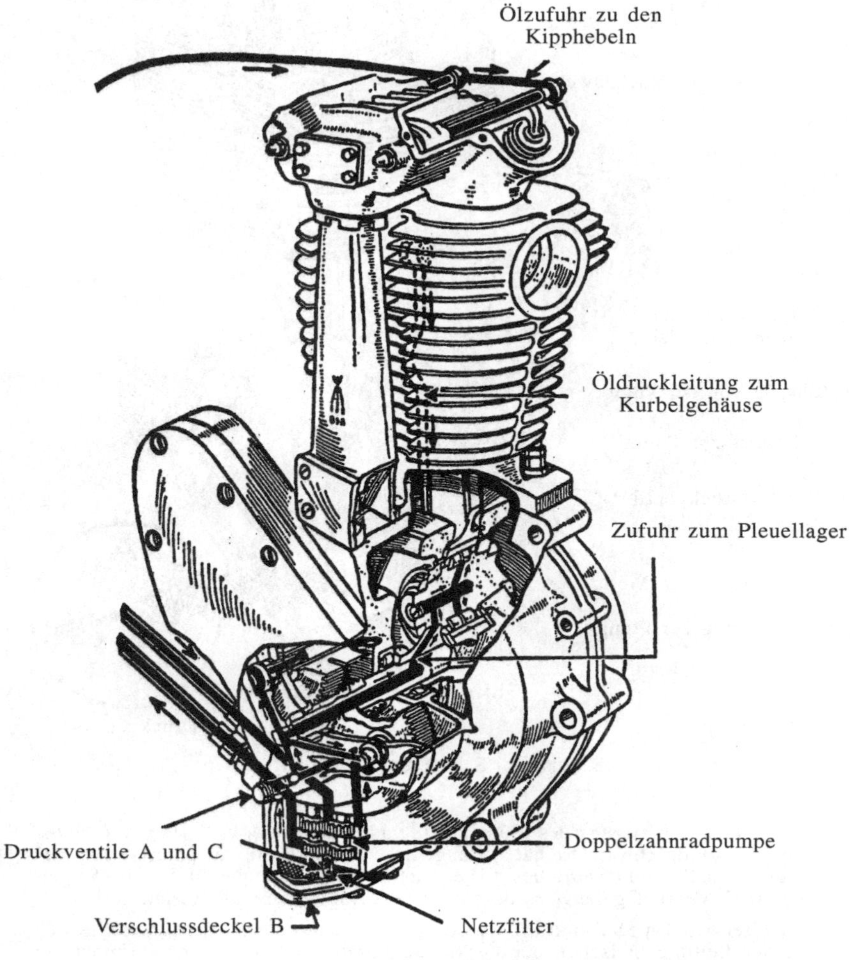

Abb. 1. Schmierung des Motors

Ausnahme der Leitungen vom und zum Öltank und der Ölversorung der Ventil- Kipphebel. Das Öl fliesst vom Tank durch einen Filter (im Tank) zur Ansaugpumpe und von hier durch das Druckventil „A“ zu den Ölleitungen, welche die Nockenspindeln versorgen; hierauf fliesst es durch die hohle Kurbelwelle zu den Pleuellagern. Bei den Typen A wird das Öl durch ein Gegendruckventil gefördert, gelangt hierauf zum rechten Hauptlager, zur hohlen Kurbelwelle und schliesslich zu den Pleuellagern; eine weitere Ölleitung fördert Öl durch ein Druckventil zu den Ventilsteuerrädern und zur Nockenwelle.

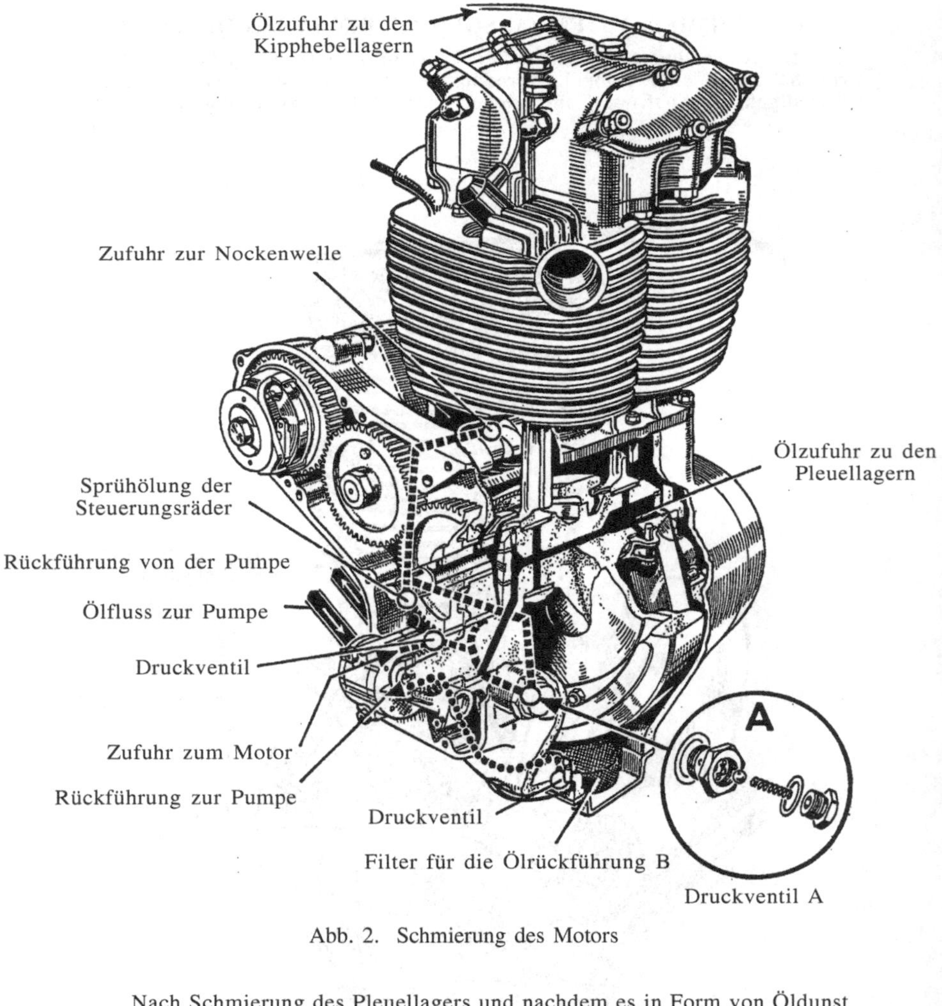

Abb. 2. Schmierung des Motors

Nach Schmierung des Pleuellagers und nachdem es in Form von Öldunst den Motor durchwandert hat, gelangt das Öl durch ein im unteren Teil des Kurbelgehäuses befindliches Filter zur Rücksaugpumpe durch ein Kugelventil C. Hierauf gelangt es durch die Ölrückleitpumpe zum Tank zurück.

Bei den Typen B und M33 wird das Öl auch durch ein Rohr, welche sich in der Leitung zwischen der Ölrücksaugpumpe und dem Tank befindet, zu den Kipphebellagern gebracht. Nach Schmierung der Kipphebel und Ventile kehrt es zum Kurbelgehäuse zurück. Diese Rückführung erfolgt durch eine äussere Ölleitung, die an der Basis des Federgehäuses für das Einlassventil angebracht ist.

Wenn das Kugelventil A nicht ordentlich befestigt ist, kann es vorkommen, dass auch bei Stillstand des Motors Öl vom Tank zum Motor gelangt. Ist dies der Fall, so schraubt man den Gewindebolzen, der das Ventil halt, ab und entfernt Feder und Kugel. Man reinigt die Kugel und das Loch, auf dem sie aufsitzt. Hierauf bringt man sämtliche Bestandteile wieder in die richtige Lage. Wenn es zur Erreichung eines ordentlichen Sitzes der Kugel auf der Ventilöffnung notwendig sein sollte, versetzt man der Kugel mit einem leichten Hammer und einem Dorn einen kräftigen Schlag.

Wenn sich das Kugelventil C in seinem Sitz verklemmt haben sollte, kann kein Öl zum Tank zurückgelangen. Um dies zu beheben, wird der Verschlussdeckel B unterhalb der Pumpe entfernt und ein Stück Draht in die Ventilöffnung eingeführt. Die Kugel kann dann von ihrem Sitz befreit werden. Um den Ölfluss im Schmiersystem kontrollieren zu können, entferne man den Öltankverschluss bei laufendem Motor. Man muss dann das Öl aus der Rückleitung zurückfliessen sehen. Tank und Kurbelgehäuse sollen von Zeit zu Zeit abgelassen und mit frischem Öl gefüllt werden.

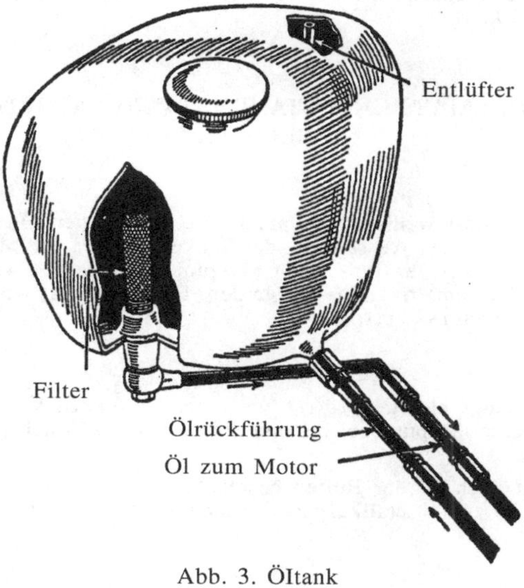

Abb. 3. Öltank

Kugelventile (Typen A)

Zwischen der Ansaugseite der Ölpumpe und den Pleuellagern befindet sich ein Durchgangsventil. Dieses dient dazu, den Druck im Ölzufuhrsystem zu kontrollieren. Es sollte von Zeit zu Zeit (etwa alle 1000 Meilen, das ist Ca. 1500 km) untersucht werden um festzustellen, ob es frei und von Fremdkörpern ungestört arbeitet. Die Konstruktion dieses Ventiles ist ist in Abbildung 2, Detaildarstellung A zu sehen. Wenn das Ventil auseinandergenommen worden ist, sollen die Teile gründlich in Benzin gespült werden. Beim Wiedereinbau achte man darauf, dass beide sechskantigen Schrauben des Ventiles ordentlich eingeschraubt werden und wirklich dicht sind.

Entlüfter im Öltank

Jede Störung des Entlüfters im Öltank wird ein Anwachsen des Druckes im Innern (des Tankes) bewirken, was einen Ölaustritt beim Tankverschluss zur Folge haben kann. Um diesen Schaden zu beheben, führe man ein 'Stück weichen Drahtes in die Leitung ein und zwar an ihrem unteren Ende (gerade gegenüber dem hinteren Kotflügel). Indem man den Draht die Leitung hinaufstösst, können etwaige Widerstände beseitigt werden.

Schmierung (Typen D1 und D3)

Bei der Gemischschmierung betragt das Verhältnis von Benzin zu Öl **16 : 1** (siehe unter Gemischschmierung). Dieses Mischungsverhältnis gewährleistet hinreichende Schmierung während der Einfahrzeit; es ist auch vom wirtschaftlichen Standpunkt aus vertretbar, da es den Ölverbrauch in vernünftigen Grenzen hält.

Nach Belieben kann dieses Mischungsverhältnis die ganze Lebenszeit der Maschine hindurch beibehalten werden. Allerdings kann der Ölanteil nach Ablauf der eigentlichen Einfahrzeit beträchtlich gesenkt werden. Er soll aber nie weniger als 2 Masse Öl (ca. 2 mal 100 ccm) pro Gallone (4,5 l) betragen. Dieses Mischungsverhältnis ist am Tankverschluss vermerkt und entspricht einem Verhältnis von 24 Teilen Benzin zu einem Teil Öl (24 : 1). Wenn das Motorrad gut eingefahren ist und sich in gutem Zustand befindet, sollte dieses Mischungsverhältnis hinreichen.

Für die Schmierung von Getriebe und Primärkette wird Motorenöl verwendet. Der vorgeschriebene Ölstand ist auf dem Ölmesstab der Einlasschraube markiert.

REGELMÄSSIGE INSTANDHALTUNGSARBEITEN
Wöchentlich

Öltank

Man kontrolliert wenigstens einmal wöchentlich den Ölstand. Er sollte niemals unter die an der Aussenseite des Tankes angebrachte Marke absinken. Beim Nachfüllen soll der Tank nicht bis zum Rand gefüllt werden, sondern etwa ein Zoll (2,6 cm) freigelassen werden. Es kann sonst vorkommen, dass Öl beim Tankverschluss austritt.

Reifen

Mittels eines Luftdruckprüfers wird der Reifendruck kontrolliert und nötigenfalls durch Aufpumpen auf den erforderlichen Druck gebracht (siehe Tabelle III).

Man sieht nach ob der Reifen beschädigt ist (Einschnitte) und entfernt kleine Steinchen und Metallkorper, die sich in die Reifendecke verklemmt haben.

Getriebe

Der Ölstand ist zu prüfen und nötigenfalls Öl nachzufullen. Das Öl wird durch die Füllöffnung auf der rechten Seite des Gehäuses nachgefüllt.

Fussbremse Hebellager Freiliegende Kabel	► Mit einigen Tropfen Öl schmieren.
Steuerkopf Sattelnasenbolzen Rückwärtige Beiwagenverbindung Federlaschen des Beiwagens Hinterradaufhängung	► Mit einigen Stössen aus der Fettpresse zu schmieren.

Batterie (gilt nicht für C1OL)

Die Batterie soll so oft als nötig nachgefüllt werden. Der Stand der Batteriesäure soll etwa ein viertel Zoll (ca. 6–7 mm) über dem Plattenrand sein. Zum Nachfüllen ist immer destilliertes Wasser zu verwenden.

Batterie (für C1OL)

Varley 9 a.h. Type MC 5/9

Die Batterie ist einmal monatlich mit etwas destilliertem Wasser aufzufüllen, um Platten und Separatoren in feuchtem Zustand zu erhalten. Man lässt die Batterie einige Zeit stehen und entfernt dann die überschüssige Flüssigkeit durch Absaugen oder Ausschütten.

Alle 1000 Meilen (ca. 1500 km)

Radnaben

Durch das Nippel an der Nabe wird Fett eingepresst. Überschmierung ist zu vermeiden, da sonst Fett an die Bremsbeläge gelangen kann, wodurch deren Bremswirkung beeinträchtigt wird. 3 bis 4 Stösse aus der Fettpresse dürften genügen. Öl soll zur Schmierung nicht verwendet werden.

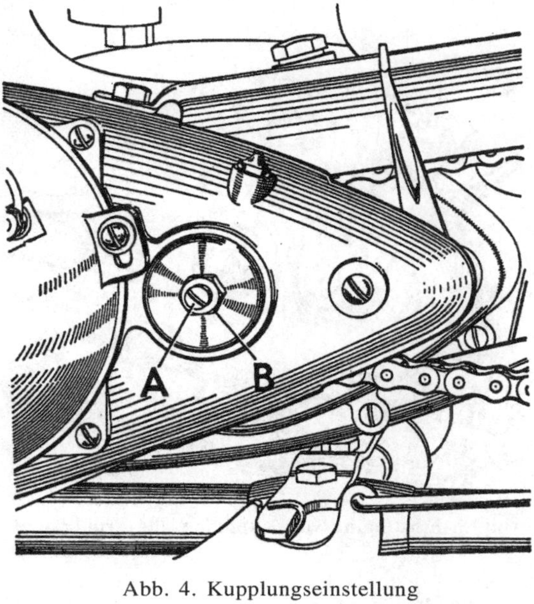

Abb. 4. Kupplungseinstellung

Steuerkopf

Man hebt die Maschine und stellt einen Untersatz unter das Kurbelgehäuse, sodass das Vorderrad nicht den Boden berührt. Hierauf prüft man das Lenkungsspiel, indem man versucht, den Lenker zu heben und zu senken. Es soll auch geprüft werden, ob die Steuerung genügend frei funktioniert. Nötigenfalls stelle man sie wie unter Einstellung des Steuerkopfes beschrieben, nach.

Bremshebelgelenke

Vorne (8-Zoll-Ø-Bremsen): Ein Stoss aus der Fettpresse, Rückwärts: einige Tropfen Öl.

Druckdurchlassventil (Typen A)

Das Druckdurchlassventil wird entfernt und auf Sauberkeit geprüft (Siehe Beschreibung und Abb. 2, Detaildarstellung A).

Stösseleinstellung (gilt nicht für Typen D1 und D3)

Das Ventilspiel muss bei kaltem Motor geprüft werden (Näheres siehe Abb. 9).

Kupplung

Einige Stösse aus der Fettpresse für das Gelenk des Kupplungshebelarmes am Getriebe (Abb. 4 und 6).

Die Kupplung muss entweder am Lenker-Kupplungshebel, oder am Kupplungshebel am Getriebe etwas freies Spiel haben. Wenn beim Schalten Schwierigkeiten auftreten, weil die Kupplung nicht ganz freigibt, muss eine Nachstellung vorgenommen werden (Näheres unter Überprüfung der Kupplung).

Ketten

Die Spannung der Primärkette ist zu prüfen (gilt nicht für Typen D1 und D3). Diese Kette soll nicht mehr als $^1/_2$ Zoll (ca. 13 mm) Spielraum haben.

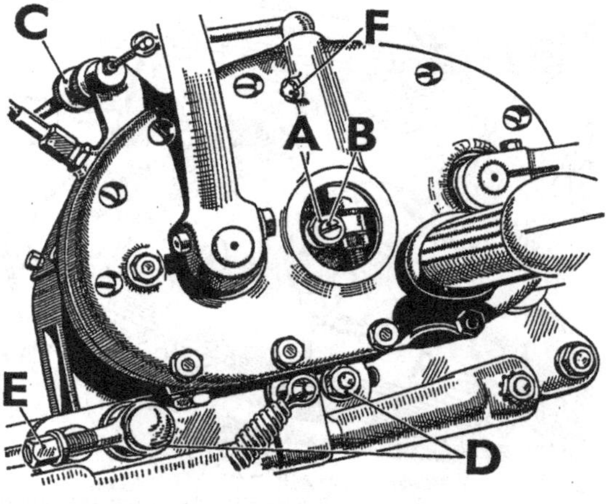

Abb. 5. Einstellung von Kupplung und Primärkette

Sekundärkette: Bei Stellung des Rades im tiefsten Punkt der Aufhängung beträgt die Bewegungsfreiheit der Sekundärkette maximal $^1/_2$ Zoll (ca. 13 mm) bei Modellen mit Tele- Federung; bei Schwingarmmodellen beträgt die Bewegungsfreiheit $1^1/_4$ Zoll (ca. 32 mm); für starre Rahmen beträgt sie $^3/_4$ Zoll (ca. 20 mm). Ist die Kette lockerer als hier angegeben, so muss sie nachgestellt werden.

Zündkerzen

Die Zündkerzen sind zu prüfen und zu reinigen (siehe Abb. 25).

Alle 2000 Meilen (ca. 3000 km)

Öltank (gilt nicht für Typen D1 und D3)

Das alte Öl wird abgelassen (am besten nach einer Fahrt, wenn der Motor warm ist); hierauf wird mit Spülöl oder dünnem Motoröl durchgespült (nicht mit Petroleum oder Benzin) und neues Öl eingefüllt. Die richtigen Markenöle sind in der Schmiermitteltabelle (Tabelle I) angeführt. Der Ölfilter wird in Benzin oder Petroleum sorgfältig ausgewaschen und, nachdem es getrocknet worden ist, wieder eingesetzt. Der Verschlussdeckel unterhalb der Ölpumpe ist zu entfernen und das Netzfilter in Petroleum zu waschen. Es wird getrocknet und wieder eingesetzt.

Getriebe (gilt nicht für Typen D1 und D3)

Schaulochdeckel und Ölniveauschraube (oder Füllschraube bei Typen B und M) sind zu entfernen. Die Ablasschraube unterhalb des Gehäuses wird herausgeschraubt und das alte Öl wird abgelassen, am besten nach einer Fahrt, wenn das Öl noch warm ist. Das Getriebe wird mit Spülöl ausgewaschen und mit neuem Öl gefüllt. Das Nachfüllen erfolgt durch das Schauloch; der vorgeschriebene Ölstand ist erreicht, wenn das Öl bei der Ölniveauschraube oder bei der Füllschraube austritt. Schrauben und Schaulochdeckel sind wieder einzusetzen. Die vorgeschriebenen Ölsorten sind in der Schmiermitteltabelle (Tabelle I) angegeben.

Getriebe (Typen D1 und D3)

Die Ablasschraube E am Boden des Getriebes ist zu entfernen und das alte Öl abzulassen. Das Getriebe wird mit Spülöl ausgewaschen und mit neuem Öl aufgefüllt. Ölfüllung durch das Fülloch bis zur Marke des Ölmesstabes.

Ölbad für die Primärkette

Es wird nötigenfalls mit Motorenöl durch die Füllöffnung aufgefüllt. Die Ölniveauschraube an der Seite des Gehäuses muss entfernt werden, um Überfüllung zu vermeiden. Bei Schwingarmmodellen ist das Ölbad etwas reichlicher. Zwei Schrauben, die den Deckel halten, sind rot markiert. Wenn die äusserste Schraube am Deckel als Nr. 1 angenommen wird, so sind Nr. 3 und 5 Ölniveau- bezw. Ablasschrauben. Vor Wiedergebrauch der Maschine sind sie wieder ordentlich einzusetzen. Während des ganzen Vorganges soll die Maschine auf ebenem Boden stehen. Bei Überfüllung des Kettenkastens kann ein Durchrutschen der Kupplung eintreten. Die Type A10 mit Hinterrad-Tele- Aufhängung hat eine einzelne rote Schraube für den Ölstand.

Schmierung der Primärkette (Typen D1 und D3)

Die Primärkette ist in die Schmierölversorgung des Getriebes einbezogen und erfordert daher keine gesonderte Wartung.

AUSFÜHRUNG DER INSTANDHALTUNGSARBEITEN

Der Motor

Dekompressor

Die Dekompressornocke muss immer vom Kipphebel. (Typen B und M33) oder vom Stösselkragen (Typen M20 und M21) etwas getrennt sein („Luft“ haben; siehe Abbildung 6 und 7). Ansonsten geht der Motor laut und es kann der Fall eintreten, dass auch die Stösselluft nicht stimmt. Wenn man es aber verabsäumt, darauf zu achten, dass das Ventil in diesem Punkt „Luft“ hat, kann das zum Ausbrennen des Ventiles führen. Die Einstellung bei den Typen B und M33 erfolgt gewöhnlich mittels eines Regulierkabels, das in den Deckel des Kipphebelkastens (Auslassventile) eingeschraubt ist. Der Auslösehebel kann entfernt und an seiner gezahnten Welle in jede Position gebracht werden. Bei Typen M20 und M21 ist das Regulierkabel an der Seite des Stösselgehäuses eingeschraubt.

Stösseleinstellung (Typen B und M)

Bevor man die Stösselluft (Das Ventilspiel) einstellt, prüft man, ob der Dekompressor-wie oben angegeben-richtig eingestellt ist. Der Verscbluss-deckel des Stösselgehäuses (ober dem Deckel für das Steuerungsgehäuse) wird nach Entfernung von 4 Schrauben abgenommen.

Um die Stösselluft (Ventilspiel) zu prüfen und einzustellen, ist es wegen der besonderen Nockenform notwendig, dass man folgende Anweisungen beachtet.

Man drehe den Motor, bis das Einlassventil eben geschlossen ist. Dies ist die richtige Stellung zur Prüfung und Einstellung des Auslassventilspieles.

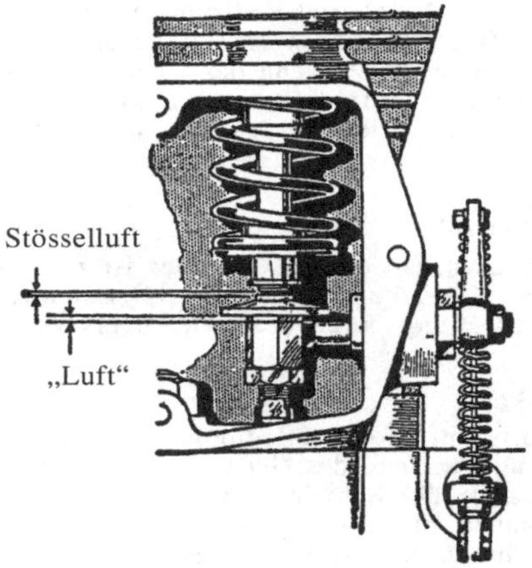

Abb. 6. Stössel und Dekompressor (Typen M20 und M21)

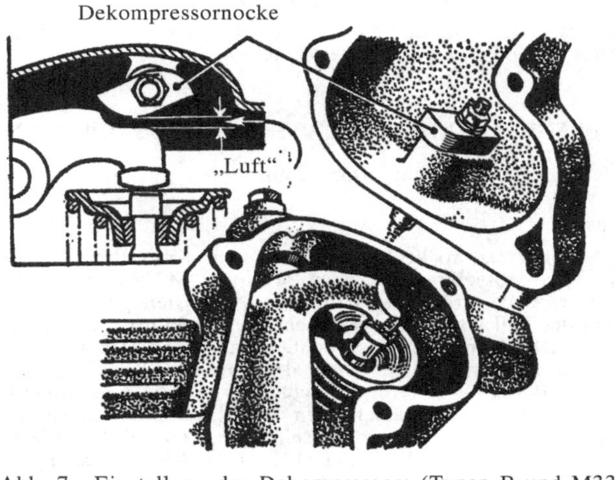

Abb. 7. Einstellung des Dekompressors (Typen B und M33)

Man dreht den Motor wieder etwas weiter, bis das ganze Spiel des Auslassventiles aufgehoben ist. Das Ventil selbst darf sich aber noch nicht von seinem Sitz abheben. Dies ist die richtige Stellung, um das Ventilspiel des Einlassventiles zu prüfen und einzustellen.

Es ist ratsam, bei den Typen B und M33 die Ventilstosstange mit den Fingern etwas zu heben, bevor man – zwecks Prüfung der „Luft“ – eine Tastlehre einführt; ansonsten kann das Gewicht der Ventilstosstange ein ordentliches Einführen der Tastlehre verhindern oder falschen Sitz des Stössels bewirken.

Die eigentliche Einstellung wird dadurch vorgenommen, dass man die Kontramutter B (Abb. 8) lockert, indem man den Stössel mit einem Schlüssel an der Abplattung hält und den Stösselkopf A hinauf oder hinunterschraubt. Wenn die „Luft“ richtig ist, wird die Kontramutter gegen den Stösselkopf angezogen, die „Luft“ nochmals geprüft und der Verschlussdeckel des Stösselgehäuses wieder befestigt.

Die richtige „Luft“ beträgt 0,010 Zoll (0,26 mm) für das Einlass- und 0,012 Zoll (0,31 mm) für das Auslassventil. (Typen M20 und M21). Für Typen B und M33 beträgt das Ventilspiel für beide Ventile 0,003 Zoll (0,078 mm).

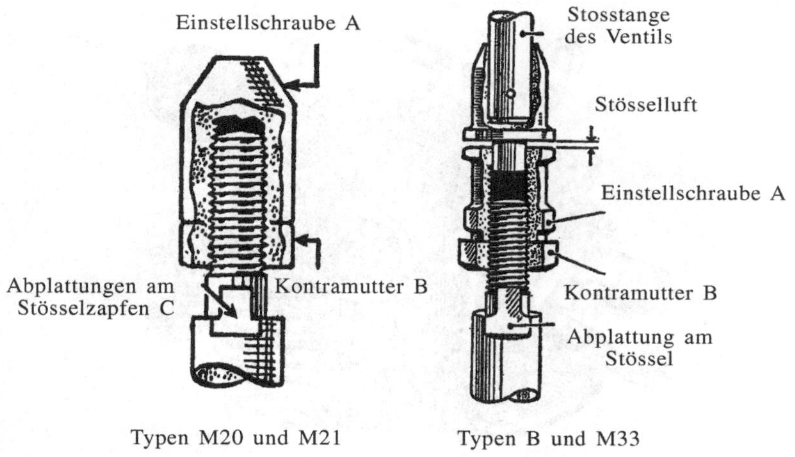

Abb. 8. Stösseleinstellung

Stösseleinstellung (Typen C11G und A)

Die Einstellung des Ventilspieles muss bei kaltem Motor durchgeführt werden. Die vorgeschriebenen Masse betragen 0,003 Zoll (0,078 mm) für die Typen C11G und 0,010 Zoll (0,26 mm) für alle Typen A mit Ausnahme von Super Flash und Road Rocket, für welche die betreffenden Masse 0,008 Zoll (0,208 mm; Einlassventil) und 0,010 Zoll (0,26 mm; AuslassVentil) betragen.

Bei der Type C11G wird der Verschlussdeckel vom Kipphebelkasten abgenommen (von einem einzelnen Bolzen gehalten). Bei den Typen A gibt es zwei eigene Schaulochdeckel für das Stösselgehäuse, der eine vorne bei den Auslassventilen, der andere rückwärts bei den Einlassventilen. Jeder der beiden wird von 4 Schrauben gehalten (Abb. 9).

Die Zündkerze(n) wird (werden) entfernt, damit der Motor leichter durchgedreht werden kann, hierauf wird durch Motordrehung der Kolben in den oberen Totpunkt des Kompressionstaktes (bei Typen C11G) oder bis zum völligen Schluss eines Einlassventiles (bei den Twins) gebracht.

Bei den Typen G11G sind dann beide Ventile zur Einstellung bereit, bei den Twins hingegen nur das andere Einlassventil (d.h. das nicht geöffnete).

Die C11G Ventile werden wie unten beschrieben eingestellt. Das gleiche gilt für die entsprechenden Einlassventile der A-Typen. Für die Einstellung der anderen Ventile der A-Typen sind folgende weitere Massnahmen erforderlich:

Nach der Einstellung des einen Einlassventiles dreht man den Motor, bis dieses ganz geöffnet ist. Das zweite Einlassventil ist dann zur Einstellung bereit. Nach der Einstellung der beiden Einlassventile wird dasselbe in der angegebenen Weise an den Auslassventilen durchgeführt.

Um das Ventilspiel einzustellen geht man folgendermassen vor: Die Kontramutter A (Abb. 9), welche auf dem einen Arm des Ventilkipphebels befestigt ist, wird mit dem Schraubenschlüssel, der dem Hand-Werkzeug beiliegt, gelockert und dann festgehalten. Nun wird der Einstellstift B hinauf oder hinuntergeschraubt, bis zwischen Ventil und Stift der richtige Abstand vorhanden ist (oder zwischen Stift und Kipphebelarm bei den A-Typen). Zur Feststellung dieses Abstandes benützt man eine Tastlehre.

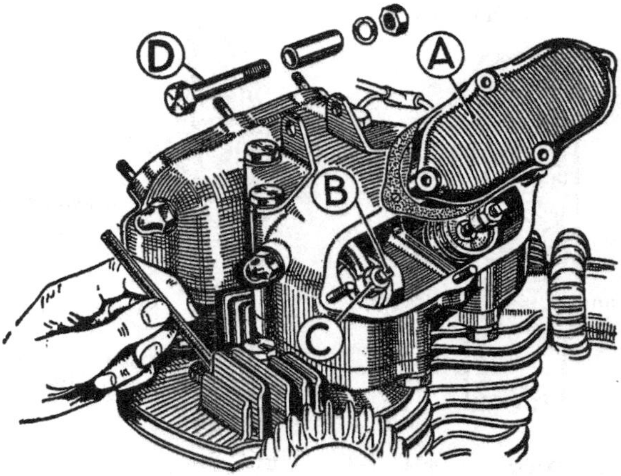

Abb. 9. Stösseleinstellung und Zündeinstellung

Man beachte, dass der Einstellstift bei C11G-Typen am stosstangenseitig gelegenen Ende des Kipphebels und bei A-Typen am ventilseitig gelegenen Ende des Kipphebels liegt; der Einstellvorgang ist sonst der gleiche. Wenn das richtige Ventilspiel gefunden ist, hält man den Einstellstift fest und zieht die Kontramutter wieder an. Schliesslich überprüft man den Abstand nochmals, um sicher zu sein, dass er sich während des Festziehens nicht geändert hat.

Stösseleinstellung (Typen C10L)

Sie wird bei kaltem Motor vorgenommen. Der Verschlussdeckel vom Stösselkasten wird abgenommen (Er befindet sich an der Zylinderbasis und wird von vier Schrauben gehalten). Die Zündkerze wird als nächstes herausgenommen. Sie befindet sich in der Mitte des Zylinderkopfes. Man dreht den Motor, bis der Kolben im oberen Totpunkt des Kompressionstaktes steht. Dies wird festgestellt, indem man ein Stäbchen durch das Zündkerzenloch steckt.

Man fasse den Stösselkopf mit einem Schrauben schlüssel (Abb. 10) und löse die Kontramutter B. Dann hält man den Stösselzapfen bei C und dreht die Mutter A bis der richtige Abstand erreicht ist. Dieser ist 0,004 Zoll (0104 mm) für das Einlass- und 0,006 Zoll (0,156 mm) für das Auslassventil. Dies wird mittels einer Tastlehre gemessen.

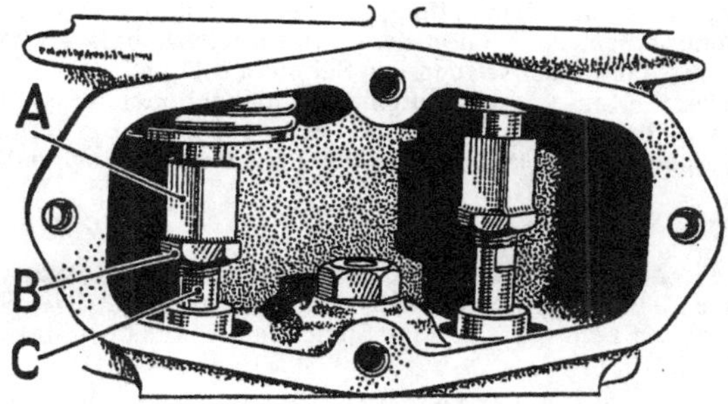

Abb. 10. Stösseleinstellung (C10L)

Sodann halte man die Mutter A, schraube die Kontramutter B fest und messe schliesslich noch einmal den Abstand nach.

ZÜNDEINSTELLUNG

Typen D1 und D3

Die Zündeinstellung ist in sehr engen Grenzen gehalten. Es gibt keine Handeinstellungsvorrichtung für den Fahrer, da sich dies in der Praxis als unnötig erwiesen hat. Die Unterbrechernocke A (Abb. 11) ist auf der Kurbelwelle aufgekeilt und ihre Stellung gegenüber der Kolbenstellung ist somit konstant.

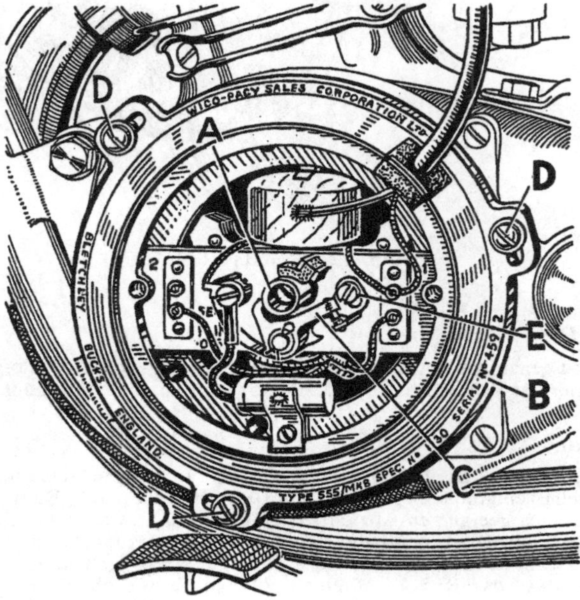

Abb. 11. Unterbrecher (Anschlüsse für Batterie-Lichtanlage eingezeichnet)

Änderungen der Zündeinstellung können nur durch Bewegen des Kontaktunterbrechergehäuses B oder des Unterbrecherhebels C vorgenommen werden. Ersteres kann nach Öffnen der Schrauben D um einen kleinen Betrag verdreht werden, Man vergesse niemals, sie nach der Einstellung wieder festzuschrauben. Es sei darauf hingewiesen, dass diese Einstellung im Werk leichter vollzogen werden kann als es der Privatbesitzer imstande ist.

Typen C11G

Man dreht den Motor, bis der Kolben im oberen Totpunkt des Kompressionstaktes steht; beide Ventile sind geschlossen. Die Stellung des Kolben kontrolliert man mittels eines Stäbchens, das man in das Zündkerzenloch einführt.

Die beiden Schrauben (Abb. 12) werden gelockert und der Unterbrecherkörper in entgegengesetztem Sinne des Uhrzeigers gedreht, bis die Kontakte gerade zu öffnen beginnen. Dann werden die Schrauben wieder angezogen. Man versichere sich, dass der Kolben noch im oberen Totpunkt steht.

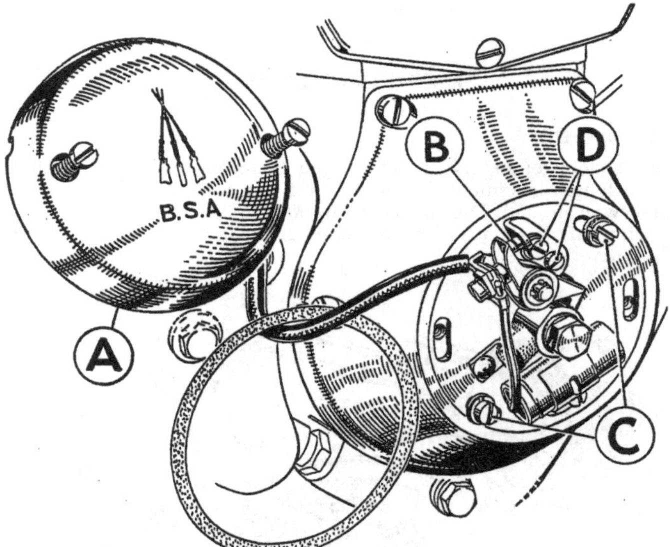

Abb. 12. Unterbrecher

Typen C1OL

Es wird genau wie bei den vorher beschriebenen Typen C11G vorgegangen, nur wird hier der Kolben 1/32 Zoll (0,79 mm) vor den oberen Totpunkt gestellt.

Typen B und M

Der Deckel des Steuergehäuses wird entfernt und die Schraube, welche das Magnetritzel auf seiner Welle befestigt, abgeschraubt. Dann wird das Ritzel mit einer geeigneten Abziehvorrichtung gelöst. Auch zwei Schraubenzieher oder so4nstige geeignete Hebel können hierzu verwendet werden. Allerdings muss man dann sehr vorsichtig zu Werke gehen. Es sei darauf verwiesen, dass das Ritzel auf einem glatten Konus ohne Keil sitzt und daher eine exakte Abziehvorrichtung allen anderen Werkzeugen vorzuziehen ist. Man dreht nun den Motor vorwärts, bis der Kolben im oberen Totpunkt. des Kompressionstaktes steht. Dann wird er zurückgedreht, sodass der

Kolben $^{7}/_{16}$ Zoll (11,06 mm) hinabgeht. Jetzt dreht man den Unterbrecher im Sinne des Uhrzeigers, bis die Kontakte gerade zu öffnen beginnen, wobei der Zündhebel am Lenker auf voller Vorzündung stehen soll. Dann wird das Ritzel wieder auf seinen Konus aufgepresst und die Mutter sorgfältig wieder angezogen. Vor der endgültigen Befestigung des Deckels am Steuergehäuse wird die Zündeinstellung nochmals überprüft.

Typen A

Man entfernt den Deckel des Steuergehäuses und löst das Magnetritzel von seiner Welle. Dies wird erreicht indem man die Mutter im entgegengesetzten Sinne des Uhrzeigers aufschraubt, bis es sich zu drehen beginnt. Nach Entfernung einer Scheibe („Cee-Washer") gibt man dem Schraubenschlüssel einen Schlag mit dem Hammer, noch immer in derselben Richtung, wodurch er wie eine Abziehvorrichtung wirken wird; das Ritzel wird nun abgenommen. (Zur Beachtung: Nicht anzuwenden bei Star Twin und Shooting Star, bezw. Super Flash und Road Rocket. Hier wird das Ritzel auf die vorher für B- und M-Typen beschriebene Art entfernt.)

Der Motor wird vorwärts gedreht, bis der rechte Kolben im oberen Totpunkt des Kompressionstaktes steht. Beide Ventile des Zylinders sind geschlossen. Dann dreht man den Motor zurück, bis der Kolben $^{5}/_{16}$ Zoll (7,9 mm; A7), $^{11}/_{32}$ Zoll (8,7 mm, A10). $^{3}/_{8}$ Zoll (9,5 mm: Star Twin und

Abb. 13. Automatische Zündverstellung
(A7 Standard und A10 Golden Flash)

Shooting Star, bezw. Super Flash und Road Rocket) hinabgegangen ist. Bei den letzt genannten Typen stellt man den Zündhebel am Lenker auf grösste Vorzündung. Bei den Typen A7 und A10, welche mit einer automatischen Zündverstellung ausgestattet sind, bringt man diese Anlage in die Stellung für maximale Vorzündung, indem man einen kleinen Keil. wie in Abb. 13 dargestellt, verwendet.

Man dreht den Unterbrecher in seine normale Drehrichtung, bis die Kontakte gerade zu öffnen beginnen (Abb. 13, A); dann wird das Ritzel wieder auf seinen Konus gepresst und die Mutter festgezogen. Nachher überprüft man nochmals die Zündeinstellung, schliesslich befestigt man wieder den Deckel des Steuergehäuses.

Zur Beachtung; in der obigen Zündeinstellungsanleitung, gemäss der die Kontakte in die Stellung „Gerade Öffnen" gebracht werden sollen, ist gemeint, dass die Öffnung 0,002 Zoll (0,052 mm) nicht überschreiten darf. Der richtige Abstand in Voll geöffneter Stellung liegt zwischen 0,01 und 0,012 Zoll (0,26 und 0,31 mm), bei Typen C und D soll er 0,015 Zoll (0,39 mm) betragen.

EINSTELLUNG DES UNTERBRECHERABSTANDES

Typen C

Der Deckel des Unterbrechers wird entfernt (er ist mit zwei Schrauben befestigt). Die Einstellung der Kontakte B wird auf 0,016 Zoll (O,39 mm) bei voll geöffneten Kontakten vorgenommen.

Typen C1OL

Die obere Zapfenschraube D wird gelockert und die untere Exzenterschraube so lange gedreht, bis der richtige Abstand vorhanden ist. Die obere Zapfenschraube wird wieder angezogen.

Typen C11G

Die beiden Schrauben, welche die Kontakte halten, werden gelockert und die Platte solange bewegt, bis der richtige Abstand vorhanden ist. Die beiden Schrauben werden dann wieder angezogen.

Typen B, M und A

Der Motor wird gedreht, bis die Kontakte ganz offen sind. Dann wird die Kontramutter des beweglichen Kontaktes gelockert und dieser so lange gedreht, bis der richtige Abstand vorhanden ist. Dann wird die Kontramutter wieder festgezogen.

Typen D1 und D3

Der Motor wird gedreht, bis die Kontakte ganz offen sind. Dann führe man eine Tastlehre dazwischen ein; der richtige Abstand in dieser Stellung soll 0,016 Zoll (0,39 mm) betragen. Zur richtigen Einstellung lockere man die Schraube E (Abb. 11) um etwa eine Drehung mit einem Schraubenzieher und bewege dann die Einstellscheibe hinauf oder hinunter, bis der richtige Abstand von 0,016 Zoll (0,39 mm) hergestellt ist. Dann ziehe man die Schraube E wieder an.

VENTILEINSTELLUNG
Gilt nicht für D- Modelle

Typen C

Das Steuergehäuse ist durch 6 Schrauben und 2 Bolzen am Kurbelgehäuse befestigt. Wenn man es entfernt, achte man darauf, dass nicht Nockenwelle und Kipphebelachsen mit herausgezogen werden.

Abb. 14. Markierungen für die Ventileinstellung (Typen C)

Kurbelwellenzahnrad und Nockenwellenzahnrad sind beide markiert. Ersteres durch einen Strich auf einem Zahn und letzteres durch einen Strich zwischen 2 Zähnen. Die beiden Markierungen müssen sich bei jeder zweiten Umdrehung der Kurbelwelle decken (Abb. 14).

Typen B und M

Wenn die Zahnräder aus irgendeinem Grunde entfernt werden, achte man darauf, dass Kurbelwellenzahnrad und Nockenwellenzahnrad, markiert sind, um sie dann wieder richtig zusammensetzen zu können. Da die Nocken untereinander austauschbar sind, gibt es an beiden Zahnrädern doppelte Markierungen. Der Strich gilt für die Einlassnocke, der Punkt für die Auslassnocke (siehe Abb. 15).

Abb. 16. Markierungen für die Ventileinstellung (Tgpen B und M)

Typen A

Unter normalen Umständen kann die Ventileinstellung nicht gestört werden und es wird empfohlen, das Ventilsteueraggregat nur, wenn es sich als unbedingt notwendig erweist, zu zerlegen. Sollte man jedoch dazu gezwungen sein, so müssen folgende Anordnungen beachtet und die Bestandteile im folgender Reihenfolge zerlegt werden:

Abb. 16. Markierungen für die Ventilsteuerung

Deckel des Steuerungsgehäuses: Man beachte die Stellung der Fixierschrauben, die verschiedene Längen aufweisen.

Dynamo- Antriebskette

Die Dynamoantriebskette ist eine der endlosen Type (es gibt kein Verbindungsglied), sodass Kette und das grosse Kettenrad zusammen abgenommen werden müssen. Das Kettenrad sitzt auf einer konischen Welle ohne Keil. Nach Entfernung der Mutter und der Fixierbeilagscheibe ist es unbedingt anzuraten, eine geeignete Abziehvorrichtung zu verwenden, um eine Beschädigung des Gehäuses zu verhindern. Man kann auch mit einem Schraubenschlüssel die Mutter des Dynamokettenrades durch einen starken Stoss im Uhrzeigersinn drehen. Das lockert das grosse Kettenrad. Ist das grosse Kettenrad von der Achse entfernt, so kann die Kette vom kleinen Kettenrad abgehoben werden; das letztere bleibt auf der Dynamowelle.

Dynamo- Spannband

Dieses wird gelockert. Dadurch kann man den Dynamo mit der Hand in eine geeignete Stellung drehen, welche es gestattet, das Kettenrad durch eine passende Ausnehmung des inneren Ventilsteuerdeckels zu führen, wenn letzterer abgenommen wird.

Der innere Deckel des Steuergehäuses

Dieser wird durch vier tief versenkte Schrauben gehalten. Der Entlüfter wird wahrscheinlich im Deckel zurückbleiben, wobei der Korkring an der Nockenwelle haften bleibt.

Prüfung der Einstellungen

Man überzeugt sich, ob die Markierungen so stehen, wie es in Abb. 16 angegeben ist. Es kann notwendig sein, dass man den Motor einige Male drehen muss, bis die Marken in ihrer richtigen Stellung stehen.

Während des Zusammenbaues versichert man sich, dass der Entlüfterkork in Ordnung ist (wenn notwendig erneuern) und dass der Treibstift auf der Nockenwelle in das Loch des Entlüfters eingreift. Man vergesse nicht, die Sicherungsbeilagscheibe wieder auf das grosse Dynamo-Kettenrad zu setzen, bevor man die Mutter befestigt.

Bevor man das Dynamospannband befestigt, presst man den Dynamo stark gegen die Rückwand des Steuerungsgehäuses, um vermittels der Korkunterlage einen öldichten Schluss zu sichern. Schliesslich werden in den Deckelsitzen neue Papierdichtungen eingelegt.

NABEN

Die Mehrzahl der bei den BSA-Maschinen verwendeten Naben sind kugelgelagert. Diese erfordern keine Einstellung; das einzige, was zum Betrieb notwendig ist, ist eine zeitweise Schmierung. Man gibt alle 1000 Meilen (ca. 1500 km) 3 bis 4 Stösse aus der Fettpresse.

Spezielle Anleitungen für die Naben der verschiedenen Typen werden später gegeben.

Typen D1 und D3

Die Standardtypen sind mit den oben beschriebenen kugelgelagerten Naben ausgestattet; nur die Vordernabe der „Competition"-Typen laufen auf Schrägrollenlagern, welche einstellbar sind (siehe Abb. 17).

Zur Einstellung entfernt man an der Aussenseite die äussere Mutter A. Dann lockert man die Kontramutter B. Dabei hält man die Einstellhülse mit einem Schraubenschlüssel. Ist nun die Einstellhülse freigelegt, schraubt man sie so weit hinein, bis das ganze Spiel aufgenommen ist, Dann dreht man die Einstellschraube C ungefähr den vierten oder dritten Teil einer Umdrehung zurück. Das Rad rotiert dann mit gerade merkbarem Spiel an der Felge. Die Einstellhülse wird nun mit einem Schraubenschlüssel gehalten und die Kontramutter B dagegen angezogen. Bevor man die äussere Schraube festzieht überprüft man das Spiel nochmals.

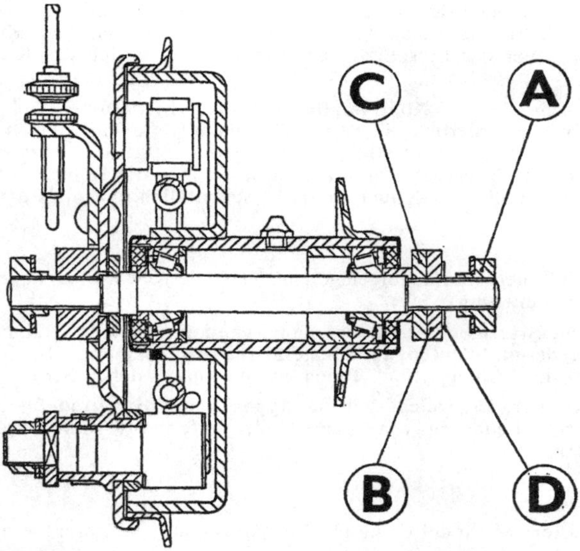

Abb. 17. Einstellbare Vordernabe („Competition“- Typen)

Nach wiederholten Einstellungen kann es notwendig sein, bei D eine zusätzliche Beilagscheibe einzufügen, um ein Streifen an den Gabelbeinen zu verhindern.

Typen C

Die Naben, welche bei den Typen C1OL und bei den Naben mit 7 Zoll (18 cm Durchmesser) Vorderbremsen, schliesslich auch bei den Modellen der späteren C11G Serie verwendet wurden, sind kugelgelagert.

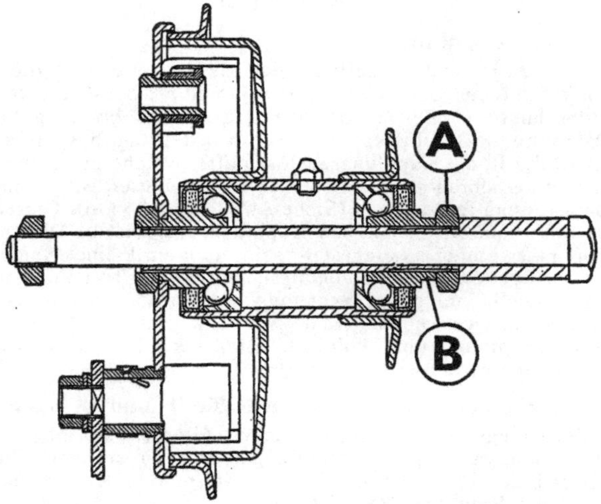

Abb. 18. Einstellung der Vordernabe (C11G)

Die Vordernaben der früheren C11G Serie, welche mit 5,6 Zoll (14 cm Durchmesser)-Bremsen ausgestattet sind, laufen auf konischen Kugellagern (einstellbar), Vor der Einstellung entfernt man am besten das Rad von der Gabel.

Man schraube die Kontramutter A (Abb. 18) herunter und stelle die Mutter B wie erforderlich ein. Man achte darauf, die Mutter nicht zu überdrehen. Bei richtiger Einstellung muss an der Felge ein merkbares Spiel feststellbar sein. Nach der Durchführung dreht man die Kontramutter wieder gegen die Einstellmutter B und überprüft schliesslich nochmals das Spiel.

Typen B

Alle B-Typen sind kugelgelagert und erfordern, wie oben angeführt, nur zeitweise Schmierung.

Die rückwärtigen Naben bei den Typen mit starrem Rahmen (keine Hinterradfederung) laufen auf einstellbaren Rollenlagern. Die Einstellung ist wie bei den „Competition"-Typen vorzunehmen (siehe oben).

Die Hinterräder, welche bei den Typen B mit Hinterrad-Teleskop- oder Schwingarm- Federung eingebaut sind, laufen auf nicht einstellbaren Kugellagern.

Typen M

Bei allen M-Modellen läuft die Vordernabe auf nicht einstellbaren Kugellagern.

Die Hinterradnaben, mit welchen die Modelle mit starrem Rahmen ausgestattet sind, laufen auf einstellbaren Rollenlagern. Die Einstellung ist Ähnlich durchzuführen wie bei den „Competition"-Bantam – Vordernaben (siehe oben). Nur sitzt hier zwischen Kontramutter und Einstellmutter eine Staubkappe, welche vor der Einstellung entfernt werden muss.

Die Hinterradnaben, welche bei den M-Typen mit Tele- Federung verwendet werden, laufen auf nicht einstellbaren Kugellagern.

Typen A

Alle A-Modelle laufen auf nicht einstellbaren Kugellagern.

DIE KUPPLUNG

Überprüfung der Kupplung

Bei den Typen D1 und D3 befindet sich die Einstellung für die Kupplung auf der linken Seite des Getriebekastens, während sie bei den anderen Typen innerhalb des äusseren Getriebedeckels liegt. Man überzeugt sich davon durch Entfernung des Fülldeckels. Diese Einstellung besteht aus einem Einstellstift A, der in die Kupplungsauslösemuffe, welche mit einem Gewinde versehen ist, eingeschraubt ist, und einer Kontramutter B, die dazu dient, ihn in seiner Stellung festzuhalten (Siehe Abb. 4 und Abb. 6). Dieser Einstellstift drückt über eine Kugel auf den Kupplungsauslösestift. Dieser Auslösemechanismus muss immer so eingestellt sein, dass ein kleines Spiel zwischen dem Stift, der Kugel und dem Bedienungshebel ist. Nur so ist es gewiss, dass die Kupplungsfedern ihre ganze Spannung zum Pressen der treibenden und getriebenen Scheiben verwenden. Ist jedoch nicht genügend Spiel vorhanden, so neigt die Kupplung zum Schleifen. Dies bewirkt ein Überhitzen der Kupplung und zerstört diese.

Spannung der Kupplungsfedern (gilt nicht für D- und C-Typen)

Nach Zurücklegung einer beträchtlicher Kilometeranzahl wird es notwendig sein, die Spannung der Kupplungsfedern zu erhöhen. Zuerst lässt man das Ölbad der Primärkette ab und entfernt den Kettenkastendeckel. Dadurch wird die Kupplung freigelegt. Jetzt sieht man, dass die Kupplungsplatten durch Federn zusammengepresst werden, deren Spannungen von der Stellung der Muttern B (Abb. 19) und der Kontramuttern A bestimmt werden. Um nun die Federspannungen zu erhöhen, lockert man die Kontramuttern und zieht die Muttern B leicht an (Zur Beachtung: Bei den Typen A mit rückwärtiger Tele- Federung gibt es keine Kontramuttern auf den Einstellmuttern). Es ist wichtig, dass jede der sechs Einstell-Schrauben gleich angezogen wird, um einen gleichmässigen Druck zu gewährleisten. Ansonsten gleiten die Platten ungleich aufeinander und bewirken ein Schleifen der Kupplung.

Nach der Einstellung zieht man den Kupplungshebel an und dreht die Kupplung durch Betätigung des Kickstarters. Die äussere Kupplungsplatte soll dann parallel zu den anderen Scheiben laufen. Ist dies nicht der Fall, so stellt man einzelne Federn nach, bis die Scheiben richtig laufen.

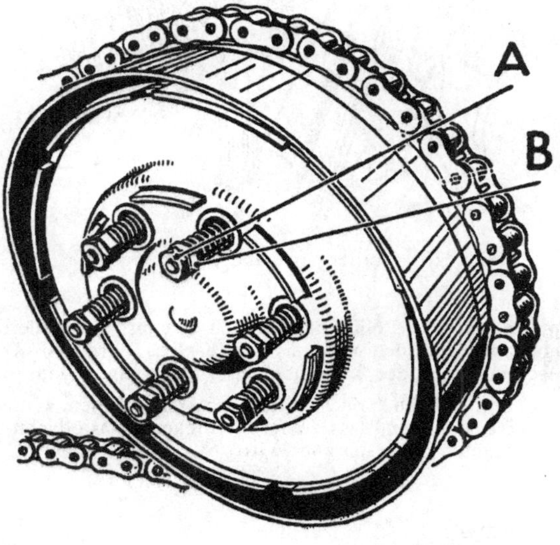

Abb. 19. Spannung der Kupplungsfedern

EINSTELLUNG DES STEUERUNGSKOPFES

Alle Typen ausser D1

Zuerst ist es notwendig, das Vorderrad vom Boden abzuheben. Dazu legt man ein Stück Holz oder eine Kiste unter das Kurbelgehäuse. Dann wird der Dämpfungsgriff geöffnet (der Dämpfungsstift ist auf ihm befestigt und wird gleichzeitig losgeschraubt). Die Steuerungskopfkontramutter B wird abgeschraubt (Abb. 20) und der Steuerungskopfklemmbolzen C gelockert.

Die Einstellhülse E wird gedreht, bis das ganze Spiel beseitigt ist. Nicht überdrehen da sonst die Steuerung klemmt und die Kugellager zerstört werden. Nach der Einstellung zieht man den Klemmbolzen C wieder an und schraubt die Gegenmutter D auf.

Nur für D1-Typen gültig

Man lockert die Klemmschrauben B auf jeder Seite der Gabel, sodass die unteren Verbindungsringe frei verschiebbar werden (Abb. 20). (Dies ist bei den Typen D3 nicht notwendig, da diese eine Einstellhülse haben). Dann entfernt man die Kontramutter und dreht die Einstellschraube solange hinunter, bis

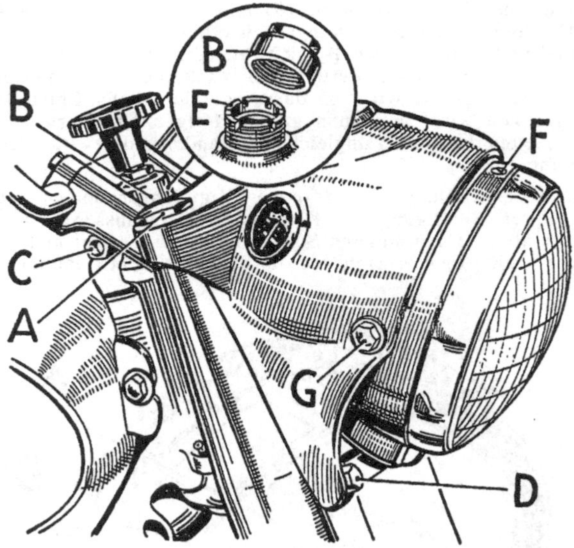

Abb. 20. Vordergabel und Steuerungskopf

das ganze Spiel beseitigt ist. Nicht überdrehen da sonst die Steuerung klemmt und die Kugellager zerstört werden. Schliesslich wird die Kontramutter wieder aufgeschraubt und der Klemmbolzen wieder angezogen.

Zur Beachtung: Sollten beide Muttern aus irgendeinem Grunde entfernt worden sein, so ist zu achten, dass zuerst die dickere Einstellschraube mit der Auskehlung nach unten aufgeschraubt wird.

Abb. 21. Vordergabel und Steuerungskopf (Typen D1)

ENTRUSSEN

Typen D1 und D3

Das Entrussen ist äusserst einfach und sollte in regelmässigen Abständen von 3000 Meilen (5000 km) durchgeführt werden. Die Anzeichen, welche ein starkes Verrussen anzeigen, sind: aussergewöhnlich harter Lauf des Motors Klopfen unter Belastung, unregelmässiger Lauf mit Schlagen in 4 und 8 Takten, merkbarer Leistungsrückgang. Letzteres tritt auch manchmal ein, wenn der Auspuffweg mit Ölkohle verlegt ist, da dies eine Störung des Gasabzugweges darstellt. Es verhindert die richtige Entlüftung des Zylinders, welche für die Zuströmung des brennbaren Gemisches vom Kurbelgehäuse von ausserordentlicher Bedeutung ist.

Was wird entrusst ?

Für gewöhnlich muss der Zylinder nicht entfernt werden. Zu den Stellen, an denen sich die meiste Ölkohle ansammelt, kann man leicht hinzu, wenn man Zylinderkopf, Auspuffrohr und Schalldämpfer entfernt. Im folgenden werden dafür Hinweise gegeben. Es ist zu raten, nur die einfache Auspufftopfreinigung vorzunehmen, bis Anzeichen vorhanden sind, welche eine gründliche Überholung notwendig machen.

Auspufftopf

Der Auspufftopf ist mit einer abnehmbaren Endkappe versehen, welche durch eine in der Mitte der Auspufföffnung gelegene Schraube gehalten wird. Diese kann leicht entfernt und der Dämpfereinsatz herausgenommen werden. Beim Einbau ist darauf zu achten, dass der Kupferdichtungsring richtig sitzt, bevor man die Kappe befestigt. Die beiden Beilagscheiben und der Sprengring müssen, bevor man die Mutter festschraubt, auf den Stift aufgesetzt werden.

Entfernung des Zylinders

Die Benzinzuleitung ist ein flexibler Schlauch, welcher besonders elastisch ist. Daher kann er leicht abgenommen werden. für die gewöhnliche Entfernung ist ein Sechskant vorgesehen, der die Zuleitung mit dem oberen Ende der Vergaserkammer verbindet. Als nächstes wird der Vergaser, welcher an der Rückseite des Zylinders an einem Stutzen angebracht ist, abgenommen, indem man die ihn haltende Klemmschraube löst. Ebenso muss das Auspuffrohr von der Vorderseite des Zylinders mittels des Spezialschraubenschlüssels „C“ entfernt werden (Dieser Schraubenschlüssel ist im Handwerkzeug enthalten). Sollten Schwierigkeiten auftreten, gibt man einige Tropfen dünnflüssiges Öl auf das Gewinde unmittelbar über der Mutter und lässt es einige Zeit einwirken. Dann schraubt man die Mutter ab. Das Zündkabel wird entfernt und die Zündkerze herausgeschraubt.

Bei den „Competition“-Typen wird das Dekompressorseil entfernt.

Der Zylinder und der Zylinderkopf sind mittels 4 langer Schrauben am Kurbelgehäuse festgehalten. Wenn die 4 Muttern am oberen Teil des Zylinderkopfes entfernt werden, kann der Zylinder abgehoben werden.

Der Ausbau des Zylinders wird wesentlich erleichtert, wenn man die beiden vorderen Haltebolzen des Benzintankes lockert sodass der Tank leicht abgehoben werden kann. Bei der Entfernung des Zylinders ist, wenn der Kolben die Bohrung verlässt, dieser zu stützen; dadurch wird ein unkontrolliertes Herausfallen und die damit verbundene Beschädigung des Kolbens verhindert,

Dekompressor (Nur bei Competition Modellen)

Dieser ist in den Zylinderkopf eingeschraubt. Nach einer beträchtlichen Kilometeranzahl kann es vorkommen, dass das Ventil nicht mehr richtig sitzt. Dadurch wird ein Kompressionsverlust verursacht und es tritt demgemäss ein Leistungsrückgang ein. Da dies selten eintritt, bevor nicht auch eine Entrussung notwendig wäre, ist es vorteilhaft, das Ventil gleich bei der Entrussung zu überprüfen und den Sitz zu korrigieren. Wenn der Zylinderkopf abgenommen ist. kann der Ventilkopf gedreht werden. indem man einen Schraubenzieher an dem geschlitzten Kopf des Ventiles ansetzt. Mit etwas Petroleum wird das entfernen der an dem Sitz haftenden Ölkohle erleichtert.

Der Kolben

Man legt den Zylinderkopf und den Zylinder zur Seite auf eine Werkbank und überprüft den Kolben. Es sollte nicht notwendig sein, diesen von der Pleuelstange zu entfernen. Wenn man aber wünscht, dies auf jeden Fall zu tun, so entfernt man zuerst den Seegerring von einem Ende des Kolbenbolzens. Man verwendet dazu eine Spitzzange oder ein sonstwie geeignetes Gerät. Dann hält man den Kolben mit der Hand fest und schlagt den Kolbenbolzen von der anderen Seite aus heraus. Wenn dieser zu fest sitzt, kann er folgendermassen gelockert werden: Man taucht einen Lappen in heisses Wasser, wringt ihn aus und legt ihn auf den Kolben. Dadurch dehnt sich die Aluminiumlegierung des Kolbens mehr aus als der stählerne Kolbenbolzen. So wird dieser gelockert und kann dann heraugestossen oder geschlagen werden.

Man kratzt die Ölkohle, welche sich am Kolbenboden angesammelt hat, ab. Man achte dabei darauf, die relativ weiche Oberfläche des Metalles nicht zu beschädigen. Nach Entfernung der Ölkohle poliert man, wenn notwendig, mit feinem Schleifpapier. Schliesslich wischt man den Kolben mit einem ölgetränkten Lappen rein.

Kolbenringe

Nun werden die Kolbenringe überprüft. Man beachte, dass diese in ihren Nuten durch Stifte fixiert sind, welche in die Kolbenringnut eingreifen. Sind die Ringe in Ordnung, zeigen sie auf dem ganzen Umfang eine glatte, metallische Oberfläche. Ausserdem müssen sie eine gewisse Elastizität aufweisen, das heisst, der Zusammenstoss des Kolbenringes muss in ungespanntem Zustand beträchtlich mehr geöffnet sein als in gespanntem Zustand.

Wenn andererseits die Ringe Anzeichen von Überhitzung aufweisen-braune oder farbige Flecken- sollen sie durch neue Ringe ersetzt werden. In diesem Falle muss der Sitz der Kolbenringnuten auf den Fixierstiften geprüft werden. Ausserdem sollen die Ringe in die Zylinder-Bohrung eingeführt werden um festzustellen, ob auch dort die Öffnung des Zusammenstosses der Kolbenringe genügend gross ist. Verwendet man original BSA-Ersatzteile, so sind diese Massnahmen nicht notwendig, da diese bereits in den richtigen Massen versandt werden. Erhält man aber keine original BSA-Ersatzteile, so müssen diese Anleitungen genauestens beachtet werden. Zuerst führt man den Ring in den glatten Teil der Zylinderbohrung ein und presst die Kolbenkante oder sonst ein Stück mit dem passenden Durchmesser dagegen. Auf diese Weise prüft man den Zusammenstoss der Kolbenringe. Der Zusammenstoss soll nicht mehr als 0,3 mm, bzw. nicht weniger als 0,2 mm geöffnet sein. Nachdem man dies festgestellt hat, setzt man den Ring in die entsprechende Nut am Kolben ein. Es muss hier ein merkliches Vertikalspiel vorhanden sein. Ist dies-bei gereinigten Nuten- nicht der Fall, so geht man folgendermassen vor: Man legt ein Stück feines Schleifpapier auf eine haftende, ebene Unterlage und dreht den Kolbenring mit gleichmässigem Druck. Sobald der Ring nun locker in seiner Nut sitzt, wischt man ihn vollkommen rein und setzt ihn ein.

Nun ist auch zu prüfen, ob zwischen Kolbenringnut und Fixierstift genügend Spiel vorhanden ist. Dazu presst man den Ring mit den Fingern zusammen, bis sich der Zusammenstoss des Kolbenringes schliesst. Kann man dies, so ist am Fixierstift genügend Spiel vorhanden. Wenn sich der Ring nicht schliessen lässt, so ist dies ein Anzeichen, dass die Kolbenringnut an dem Fixierstift anliegt. Man feilt dann die Kolbenringnut vorsichtig mit einer bereits gebrauchten, jedoch feinen Feile an. Wenn der Kolben von der Pleuelstange entfernt wurde, schmiert man den Kolbenbolzen mit Öl und befestigt den Kolben wieder an der Pleuelstange. Anstelle des Seegerringes, den man zuerst entfernt hat, bringt man einen neuen an. Der Kolben muss in seine ursprüngliche Stellung gebracht werden, das ist: die Kolbenringschlitze nach rückwärts bei D1 und nach vorwärts bei D3 Typen.

Bevor man sich nun dem Zylinder und dem Zylinderkopf zuwendet, breitet man ein reines Tuch über die Öffnung des Getriebekastens.

Zylinderkopf und Kanäle

Man entfernt die Ölkohle, welche sich am Zylinderkopf angesammelt hat. (Beachte, dass das weiche Aluminium leicht durch das Reinigungswerkzeug beschädigt werden kann.) Dann wischt man ihn sorgfältig rein.

Die meiste Ölkohle, welche im Zylinder angesammelt ist, wird bei den Auspuffschlitzen sein. Diese werden sorgfältig ausgekratzt. Man vermeide, mit dem Werkzeug ins Innere des Zylinders zu stossen, da man sonst die Oberfläche verletzt. Man untersuche auch Uberström- und Einlasskanal nach Ölkohleablagerungen, obwohl sich hier wahrscheinlich nicht viel angesammelt haben wird. Die Zylinderbohrung wird hierauf sorgfältig ausgewischt.

Bei Viertaktmotoren (alle Typen ausser D1 und D3) treten bei starkem Verrussen dieselben Anzeichen wie oben auf, nur die Auspuffkanäle verrussen hier nicht so leicht. Wohl mag sich im Auspuff ein leichter Niederschlag bilden; dieser ist aber unwesentlich im Vergleich zu den Ansammlungen im Zylinderkopf und am Kolbenboden Bei der Entrussung des Viertaktmotors ist lediglich die Reinigung des Zylinderkopfes und des Kolbenbodens vorzunehmen.

Man kann gleichzeitig auch die Ventile überholen; auf jeden Fall sind sie von Ölkohle oder von den Bleiniederschlägen des Brennstoffes, welche sich vorwiegend auf den Ventiltellern festsetzen, zu reinigen. Anleitungen zur Pflege der Ventile folgen im nächsten Abschnitt.

Prüfung der Ventilsitze

Eine Überprüfung des Sitzes an den Ventilen verrät schnell, ob ein Nachschleifen erforderlich ist oder nicht. Dasselbe ist beim Sitz am Zylinderkopf der Fall, obwohl sich dieser weitaus langsamer als der Sitz an den Ventilen abnützt. Es ist selten, dass ein Ventil eingeschliffen werden muss, nur weil der Sitz am Zylinderkopf ausgebessert werden soll.

Ursprünglich war der Sitz am Ventil und im Zylinderkopf glatt und gleichförmig und von gleicher Breite längs des ganzen Umfanges. Es ist wahrscheinlich, dass die Einlassventile selbst nach einer beträchtlichen Kilometerzahl wenig gelitten haben und noch tatsächlich glatt und gleichförmig sind. In diesem Falle können sie durch kurzes Schleifen mit feiner Schleifpasta wieder in ihren ursprünglichen Zustand versetzt werden.

Die Auslassventile hingegen erfordern mehr Sorgfalt. Sind die Sitze nur verfärbt so können sie durch eine kurze Behandlung mit Schleifpasta wiederhergesteilt werden. Wenn die Maschine unter sorgfältiger Kontrolle steht und die Ventile in vernünftigen Zeitabständen überprüft werden, dürften eigentlich keine schwereren Schäden auftreten.

Wenn die Ventile jedoch arge Zerstörungen aufweisen, muss gründlich geschliffen werden; im äussersten Fall kann aber selbst dadurch der Sitz nicht wiederhergestellt werden. Zerstörungen solcher Art werden verursacht durch dauernden Betrieb mit zu wenig Stösselluft, falsches Brennstoffgemisch vom Vergaser, zu späte Zündeinstellung (siehe unter Zündeinstellung), oder auch wenn man es verabsäumt die Ventile in vernünftigen Zeitabständen nachzuschleifen. Befindet sich eines der Auslassventile in diesem Zustand, so ist jeder Versuch es zu schleifen nutzlos. Am besten trägt man es zur Wieder herstellung zum Händler.

Liegen starke Zerstörungen vor, so versuche man nicht, den Schaden durch Behandlung mit Schleifpasta zu beheben. Man würde dabei nämlich zu viel Metall vom Sitz im Zylinderkopf wegnehmen, wodurch der Schaden nur vergrössert wird.

Schleifen der Ventile

Man verteile eine kleine Menge Schleifpasta (in jeder Garage und in Fachgeschäften erhältlich) über den Ventilteller und füge das Ventil wieder in seinen Sitz ein. Es erleichtert den Einschleifvorgang, wenn man unter dem Ventilteller eine leichte Feder anbringt. Sie hilft, das Ventil abzuheben und nach einiger Zeit in eine neue Stellung zu drehen. Man hält den Ventilschaft mit dem dafür vorgesehenen Spezialwerkzeug und dreht das Ventil unter leichtem Zug hin und her. Nach einiger Zeit wird das Ventil abgehoben und in eine neue Stellung gebracht. Der Vorgang soll so lange fortgesetzt werden, bis die Sitze am Ventil und im Zylinderkopf die gleiche metallische Tönung aufweisen. Es gibt zwei Arten von Schleifpasten, eine grobe und eine feinere Sorte. Sind die Ventile in gutem Zustand, so nimmt man feine Schleifpasta, bei stärkeren Zerstörungen, welche aber noch nicht eine Fabriksbehandlung, rechtfertigen, schleift man erst mit grober und dann mit feiner Pasta. Beim Wechsel achte man darauf, dass sämtliche Reste der groben Pasta sorgfältig entfernt werden.

Man reinigt Ventilteller, Sitz und Schaft gründlich und wischt die Kanäle aus; dann kann man den Zusammenbau des Ventiles vornehmen. Es ist gut, die Ventilstössel mit Motoröl zu schmieren, bevor man sie in ihren Führungen befestigt.

VORDERGABEL

Typen D1, D3 und C1OL

Die Tele-Gabeln, mit denen diese Typen versehen sind, brauchen keine Einstellung. Die einzige erforderliche Wartung (abgesehen von der selbstverständlichen Kontrolle von Schrauben und Muttern auf festen Sitz) ist regelmässige Schmierung der gleitenden Teile der Gabel. Hierzu dienen die an jedem Gabelschaft angebrachten Fettnippel.

Indem man in diese Nippel mittels der Fettpresse Fett einführt, füllt man den ringförmigen Zwischenraum zwischen äusserem festen und innerem

Abb. 22. Ablasschraube an der Vorderradgabel

gleitenden Teil eines jeden Gabelschaftes. Jede Woche sollten einige Stösse aus der Fettpresse verabreicht werden, damit genügend Schmiervorrat vorhanden ist.

Alle anderen Typen

Es gibt keine Einstellung für die Tele-Gabeln und die einzige erforderliche Wartung (abgesehen von der selbstverständlichen Kontrolle von Schrauben und Muttern auf festen Sitz) ist die Vorsorge, dass der Ölstand in der hydraulischen Dämpfung erhalten bleibt. Wenn die Gabel – nach Zurücklegung einer beträchtlichen Anzahl von Kilometern – abnormal viel Spiel zeigt (hinauf und hinunter) so mag das als Mahnung dienen, dass der Ölvorrat ergänzt werden muss.

Um dies zu tun entferne man den grossen sechskantigen Gewindebolzen A (Abb. 20) am Kopf eines jeden Gabelholmes; desgleichen entferne man die kleine Ölablasschraube unten (Abb. 22). Nachdem aus beiden Gabelschäften das Öl abgelassen worden ist, schraubt man die Ablasschraube wieder ein und füllt mit Öl bis zum vorgescbriebenen Stand auf. Auf keinen Fall dürfen die Gabelschäfte bis oben gefüllt werden, da sie sonst ihre Funktion nicht erfüllen können. Die vorgeschriebenen Ölsorten für die Tele-Gabeln findet man in der Schmiermitteltabelle II angegeben.

Die vorgeschriebene Ölmenge für jeden Gabelschaft beträgt:

C11G, B31, B33, M20, M21, M33	5 flüssige Unzen (142 ccm)
B32, B34, Typen A	7½ flüssige Unzen (213 ccm)

HINTERRADAUFHÄNGUNG

Tele-Aufhängung

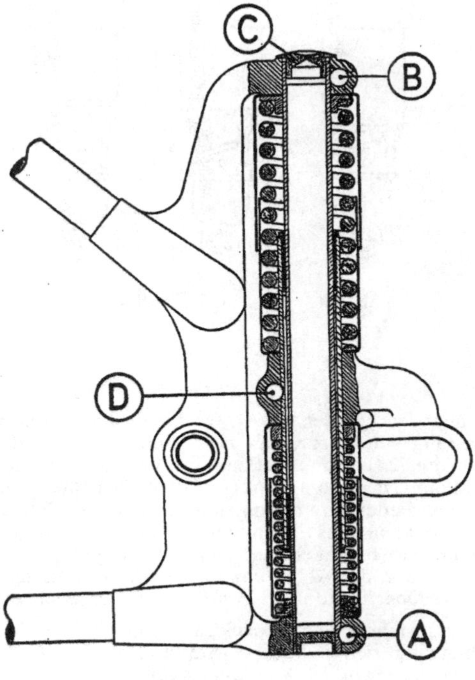

Abb. 23. Hinterradaufhängung

Um die Hinterradaufhängung auseinanderzunehmen, entferne man zuerst das rückwärtige Rad. Hierauf nehme man den Auspufftopf ab, indem man den rechten Klemmbolzen (A in Abb. 23) entfernt. Sodann lockere man die Klemmbolzen A und B und entferne die Bolzen C. (Entfernung von C ist bei D- und C-Typen nicht notwendig.)

Die Aufhängehülsen der Aufhängungseinheit können dann von unten her herausgeklopft und durch die oberen Öffnungen herausgezogen werden. Wenn dies geschehen ist, können alle Teile, die noch auf beiden Seiten übrig geblieben sind, beim unteren Loch herausgenommen und zwecks völliger Zerlegung auf die Werkbank gelegt werden. Die einzelnen Teile werden nun zerlegt, wobei man sich ihre Lage genau merken muss, um sie wieder richtig zusammensetzen zu können. Die Hinterradachsenträger, welche zusammen mit den Lagerhülsen, mit denen sie verbunden sind, eine federnde Tele-Einheit bilden, können aus den Hülsen gelöst werden, wenn man die Klemmbolzen D herauszieht. Man beachte, dass jeder von ihnen in eine Vertiefung in seinen Lagerhülsen (an seinem Sitz) greift und dass auch die unteren Bolzen bei A in ähnliche Vertiefungen der Hauptsäulen greifen. Diese sind für richtigen und festen Sitz wesentlich. Besondere Aufmerksamkeit muss also darauf verwendet werden, sie richtig zusammenzufügen und zu befestigen.

Schwingarmtypen

Dieses Aufhängesystem umfasst zwei Aufhängevorrichtungen, wobei jede von ihnen eine vollkommen eingeschlossene Druckfeder besitzt; dazu kommt noch eine automatische hydraulische Dämpfung.

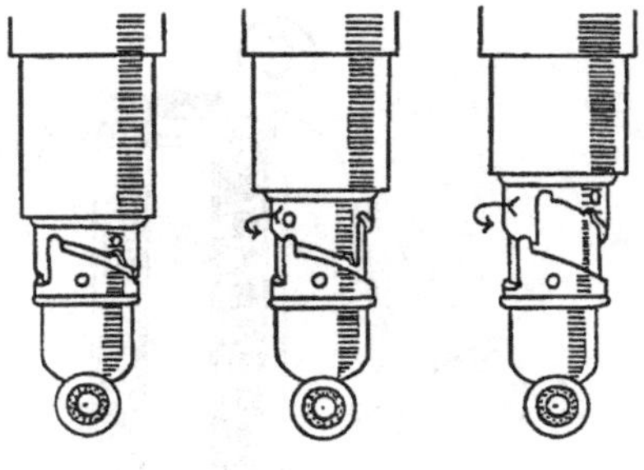

Abb. 24. Schwingarmaufhängung

Einstellung

Die Federung der bei den BSA-Maschinen verwendeten Aufhängungen sind nach Belastung verstellbar, und zwar sind insgesamt drei Einstellungen möglich (siehe Abb. 24). Beim Verkauf ist die Federung gewöhnlich in der niedrigsten Stellung (Darstellung links) . Wenn man fühlt, dass die Umstände eine etwas härtere Federung verlangen (Gewicht des Fahrers oder Bodenbeschaffenheit), so kann dies in einigen Sekunden erledigt werden: Mittels eines dem Werkezeug beigegebenen „Cee"-Schlüssels werden die Einstellnocken in die zweite in der Abbildung dargestellten Stellung gebracht. Etwas dünnes Öl auf die Oberfläche der Nocken kann dies noch erleichtern.

Wenn ein Soziusfahrer oder Gepäck mitgeführt werden, wird es notwendig sein, die Aufhängung in die höchste Stellung zu bringen, indem man die Nocken entsprechend einstellt (Abbildung rechts).

Der Drehzapfenpunkt im Rahmen braucht keine Schmierung, da er in Silentblöcken gelagert ist.

ZÜNDKERZEN

Die Zündkerze ist für reibungslosen Betrieb von höchster Bedeutung und es soll stets die richtige Kerze nachgeschafft werden, wenn man einmal eine neue Kerze zu besorgen hat. Es hat nicht viel Sinn, mit anderen Kerzen herumzuexperimentieren, da die von uns empfohlenen den Bedürfnissen des Motors am besten entsprechen.

Man entferne die Zündkerze etwa alle 1000 Meilen (1500 km), um sie zu prüfen. Wenn das Vergasersystem in Ordnung ist, sollten die Elektroden der Kerze nahezu vollständig rein sein. Wird überreiches Gemisch vom Vergaser geliefert, so kann dies Russablagerung an den Elektroden und später auch am Kerzenkörper und am Kerzengesicht (Abb. 25) bewirken.

Wenn daher ein solcher Rückstand vorgefunden wird, ist die Kerze sorgfältig zu reinigen und der Vergaser zu überprüfen.

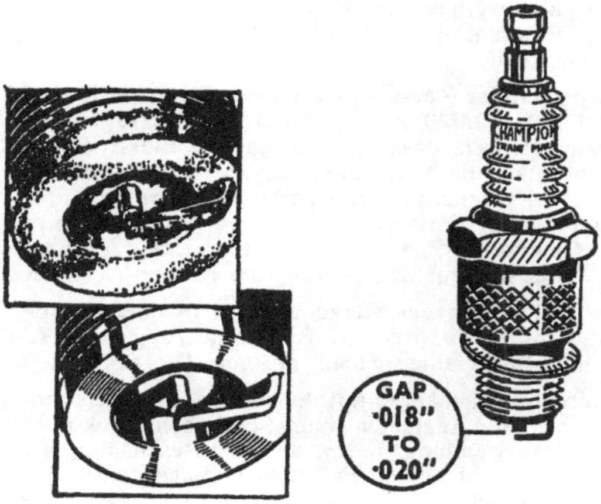

Abb. 26. Die Zündkerze
Elektrodenabstand 0,018-0,020 Zoll (0,46-0,52 mm)

Ununterbrochener Gebrauch von Treibstoff mit hochgradiger Blei-Beimischung kann auch einen Rückstand auf der Kerze bilden; ein derartiger Rückstand ist von grauer Farbe.

Ein geringfügiger Niederschlag, der von all diesen Ursachen kommen kann, wird leicht entfernt; wenn man es aber zulässt, dass er sich – besonders innen – vergrössert, kann es vorkommen, dass die Kerze schliesslich innen zündet; dies hat eine nachteilige Wirkung auf den Motor zur Folge oder bringt ihn überhaupt zum Stillstand. Die Kerze sollte in regelmässigen Abständen

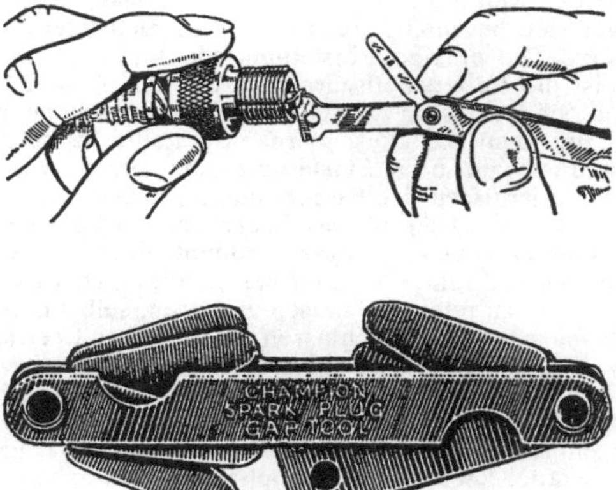

Abb. 26. Nachstellen der Elektrodenabstände

geprüft und gereinigt werden. An besten besorgt dies eine Werkstatt mittels eines eigenen Gebläses. Kann die Kerze nicht ordentlich gereinigt werden, so verwende man eine neue.

Beim Überprüfen der Kerze soll auch der Elektrodenabstand kontrolliert werden, Er soll 0,018-0,020 Zoll (0,4-0,5 mm) betragen. Die Einstellung soll in der Weise erfolgen, dass man die äussere Elektrode biegt (Abb. 26). Niemals versuche man, die Mittelelektrode zu biegen. Am besten verwendet man ein spezielles Kerzeneinstellungsgerät, das man für 2 (engl.) Schilling bei jeder Champion-Kerzenvertretung oder von der Champion-Zündkerzenfabrik direkt (Champion Sparking Plug Co. Ltd., Feltham, Middlesex) bekommt. Tastlehren sind zur Überprüfung des rechten Abstandes beigegeben.

Beim Wiedereinsetzen der Kerze achte man darauf, dass der Kupfer-Dichtungsring nicht beschädigt ist. Bei Abnutzung oder Abplattung des Ringes nehme man lieber einen neuen, um gute Dichtung zu gewährleisten.

Man schraube die Zündkerze mit der Hand so weit als möglich ein dann erst verwende man zum Anziehen einen Schraubenschlüssel. Es soll immer ein Steckschlüssel Verwendung finden, um eine Beschädigung des Isolationskörpers zu vermeiden; auf keinen Fall aber bediene man sich eines verstellbaren Schraubenschlüssels („Franzose").

Ansammlungen von Schmutz, Russ, Farbe, Staub usw. am oberen Teil des Isolationskörpers sind oft für schlechte Leistung der Kerze verantwortlich. Kerzen sollen daher oft mit einem reinen Lappen gereinigt werden.

Die Champion-Kerzen für die verschiedenen BSA-Typen sind folgende

D1, D3, C11G, B31, B33, M33, A7, A10	L10S
C10L, M20, M21	N8B
B32, B34	NA8
A7 Shooting Star, A10 Road Rocket	NA10

VERGASERANLAGE

Der Vergaser

So lange der Motor befriedigend arbeitet, lässt man den Vergaser am besten unangetastet, besonders wenn man noch nicht viel Erfahrung in dieser Hinsicht besitzt. Die einzige Einstellung die für den Fahrer von Interesse sein könnte, ist die Lufteinstellschraube (Abb. 27, Abb. 28 an späteren, mit Amal-„monobloc"-Vergasern versehenen Typen), welche das Gemisch bei langsamem Lauf reguliert. Diese wird eingestellt, bevor das Motorrad das Werk verlässt, die jeweils beste Einstellung kann aber hiervon verschieden sein, je nach den Erfordernissen des Fahrers und nach den örtlichen Verhältnissen. Durch Hineinschrauben der Lufteinstellschraube wird das Gemisch angereichert, durch Herausschrauben hingegen verdünnt. Eine fettere Mischung ergibt einen langsameren und ruhigeren Lauf bei Standgas, aber es ist natürlich nicht wünschenswert, ein zu reiches Gemisch zu haben, selbst dann nicht, wenn die Gasdrosselklappe praktisch geschlossen ist, was bei Leerlauf die natürliche Gaseinstellung ist. Will man die Lufteinstellschraube daher richtig fixieren, so ist es am besten, sie hineinzuschrauben, bis das Gemisch eindeutig zu reich wird, sie dann herauszuschrauben, bis es ungefähr stimmt und man wahrnimmt, dass ein weiteres Herausschrauben die Standgasgeschwindigkeit zu sehr erhöhen würde. Dies scheint kompliziert zu sein; man merkt es jedoch bald, wenn man die Einstellung ändert und der Fahrer wird die entsprechenden Merkmale leicht feststellen können.

Es ist doppelt wichtig, überreiches Standgasgemisch zu vermeiden, wenn man oft mit wenig Gas fährt; wenn dann das Gemisch zu reich ist, würde das auf die Dauer zu hohem Benzinverbrauch führen.

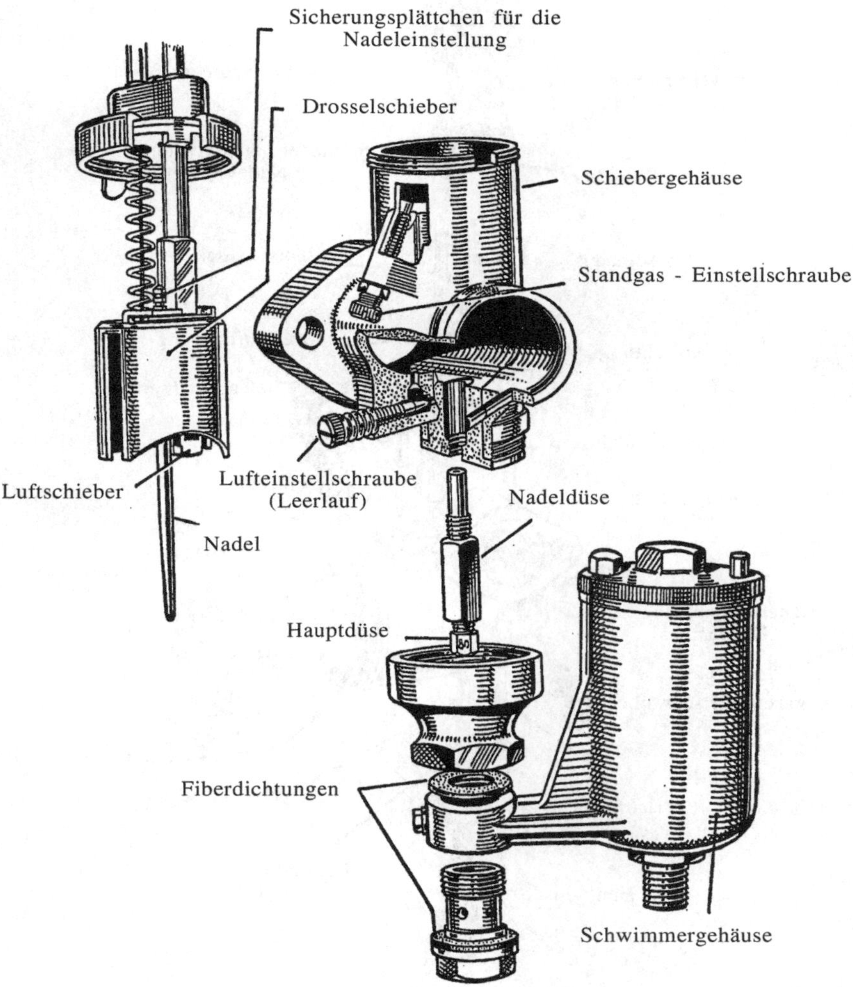

Abb. 27. Standard – Vergaser, zerlegt

Die Treibstoffmischung kann nur geändert werden, indem man die Höhe der Nadel im Schieber verstellt oder indem man eine Hauptdüse von anderem Ausmass einsetzt. Veränderungen dieser Art sollen nur, wenn es zur Erreichung eines besonderen Zweckes bei besonderen Erfordernissen notwendig wird, vorgenommen werden; auch dann soll unbedingt ein Fachmann beigezogen werden.

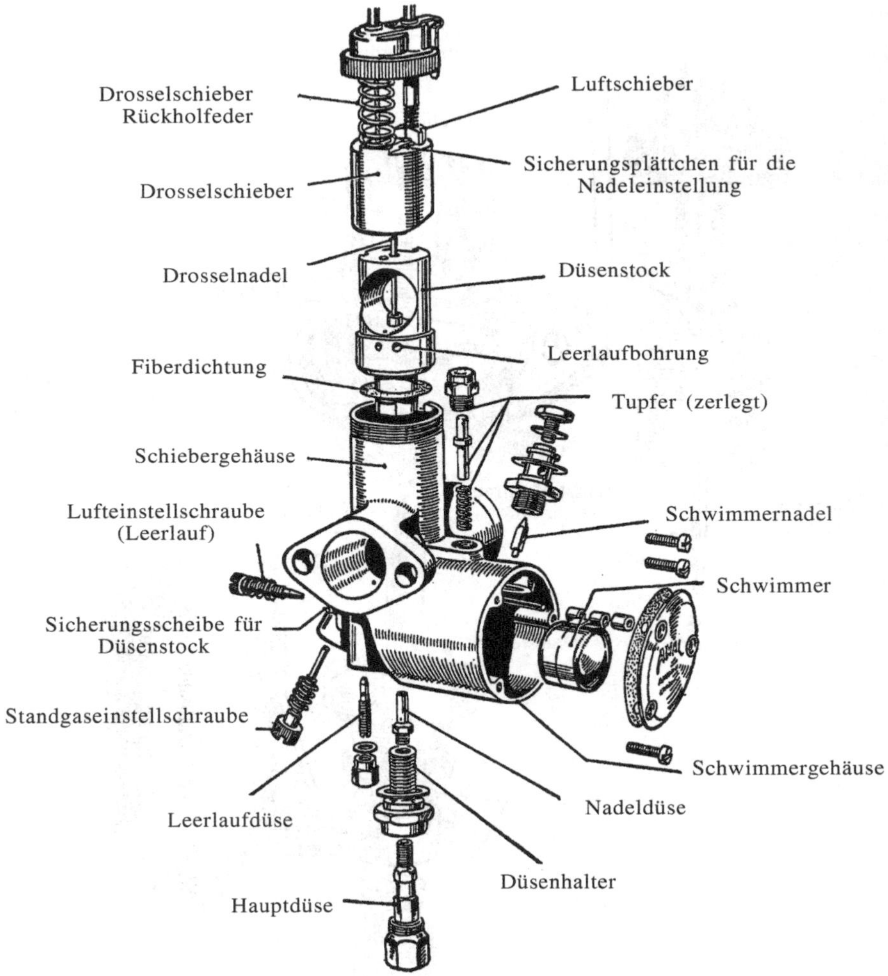

Abb. 28. „Monobloc“ – Vergaser, zerlegt

Zur Beachtung: Die Vergaser, welche bei den D- und C-Typen Verwendung finden, gleichen im wesentlichen den oben beschriebenen. Der Bantam-Vergaser, eine besondere Schöpfung für den Zweitaktmotor, und der bei den Typen C verwendete gehören zu einer etwas abgeänderten Art des „Monobloc“- Types. Keiner dieser Vergaser ist mit einem Luftschieber versehen.

Bei den Typen D1 und D3 ist eine Luftklappe am Ansaugstutzen angebracht, Dort befindet sich auch der Luftfilter. Die Luftklappe wird bewegt wenn der kleine Knopf, der sich von der Oberflache des Trichters abhebt, in seinem Schlitz gehoben wird.

Luftfilter (wenn vorhanden)

Der Luftfilter gehört zur Gruppe der Nassluftfilter. Er muss in regelmässigen Zeitabständen zerlegt und gereinigt werden. Das Filterelement wird in Benzin gründlich ausgewaschen, getrocknet und für einige Minuten in leichtes Motorenöl getaucht. Dann nimmt man es heraus, lässt es abrinnen und setzt es wieder ein.

Zur Beachtung: Diese Vorschriften betreffen nicht den Luftfilter, der an den A10 – Typen mit Tele-Aufhängung angebracht ist; dieser gehört nämlich zum Trockenfilz-Typ. Er befindet sich an der Rückseite des Batterieträgers und ist mit dem Vergaser durch einen Gummischlauch verbunden. Das Filterelement muss ab und zu zwecks Reinigung entfernt und in Benzin gewaschen werden. Es muss trocken sein, bevor es wieder eingesetzt werden kann.

VON UNS EMPFOHLENE SCHMIERMITTEL

TABELLE I

Motor und Getriebe

Marke (Firma)	D1 und D2		4-Takt Einzyl.		Zweizyl (Twins)	
	Sommer	Winter	Sommer	Winter	Sommer	Winter
BP Energol	SAE 50	SAE 50	SAE 50	SAE 30	SAE 40	SAE 30
Castrol ...	Grand Prix	Grand Prix	Grand Prix	XL	XXL	XL
Essolube ...	SAE 50	SAE 50	SAE 50	SAE 30	SAE 40	SAE 30
Mobiloil ...	D	D	D	A	BB	A
Shell ...	X100-50	X100-50	X100-50	X100-30	X100-40	X100-30

Zur Beachtung: Wahlweise empfohlen für D1 und D3 Motoren werden auch die Selbst-Misch-Öle der genannten Firmen, die man Jetzt bei den Tankstellen bekommt; ferner SAE 40 (Mischungsverhältnis 24 :1).

TABELLE II

Marke (Firma)	Vorderradgabel* (gilt nicht für D1, D3 und C10L)	Fett
BP Energol ..	SAE 20	Energrease C3
Castrol	Castrolite	Castrolease Heavy
Essolube	SAE 20	Essogrease
Mobiloil	Arctic	Mobilgrease No. 2
Shell	X100–20	Retinax A oder CD

* Motoröl wie in Tabelle I war vorher für C11G, B31, B33 und M Typen empfohlen, aber die Öle vom geringerer Zähigkeit wie sie in Tabelle II angegeben werden, sind vorzuziehen.

TABELLE III

Reifengrössen- Reifendruck

Type	Vorderreifen Reifengrössen	rückw. Reifen Reifengrössen	Beiwagenreifen Reifengrössen	Vorderreifen Druck	rückw. Reifen Druck	Beiwagenreifen Druck
D1	2,75–19	2,75–19	–	16 (1,09)	20 (1,36)	–
D3	2,75–19	2,75–19	–	16 (1,09)	22 (1,50)	–
C10L	2,75–19	2,75–19	–	18 (1,22)	27 (1,83)	–
C11G	3,00–19	3,00–19	–	18 (1,22)	26 (1,77)	–
B31	3,25–19	3,25–19	–	17 (1,16)	22 (1,50)	–
B33	3,25–19	3,50–19	–	17 (1,16)	18 (1,22)	–
M20 Solo	3,25–19	3,25–19	–	16 (1,09)	22 (1,50)	–
M20 Beiwag. ..	3,25–19	3,25–19	3,25–19	22 (1,50)	22 (1,50)	17 (1,16)
M21 Solo	3,25–19	3,50–19	–	16 (1,09)	18 (1,22)	–
M21 Beiwag. ..	3,25–19	3,50–19	3,25–19	22 (1,50)	22 (1,50)	17 (1,16)
M33 Solo	3,25–19	3,50–19	–	16 (1,09)	18 (1,22)	–
M33 Beiwag. ..	3,25–19	3,50–19	–	22 (1,50)	22 (1,50)	17 (1,16)
A7	3,25–19	3,50–19	–	17 (1,16)	19 (1,29)	–
A7 S.S.	3,25–19	3,50–19	–	17 (1,16)	18 (1,22)	–
A10 Solo	3,25–19	3,50–19	–	17 (1,16)	19 (1,29)	–
A10 Beiwag. ..	3,25–19	3,50–19	3,25–19	19 (1,29)	23 (1,56)	18 (1,22)
A10 R.R.	3,25–19	3,50–19	–	17 (1,16)	19 (1,29)	–

Zur Beachtung: Die Zahlen ausserhalb der Klammern in den letzten drei Spalten sind Pfund/Quadratzoll, die eingeklammerten Zahlen Atmosphären (kg/cm^2).

Die obigen Druckwerte gelten für 140 Pfund (84 kg)-schwere Fahrer auf Solomaschinen und für ebensoschwere Beifahrer in Beiwagen (Tourenmodell). Bei Vermehrung des Gewichtes sind die entsprechenden Druckvermehrungen:

Vorderrad- und Beiwagenreifen: Pro 28 Pfund (13 kg), die über 140 Pfund (64 kg) hinausgehen, ist der Reifendruck um 1 Pfund/Quadratzoll (0,07 atm.) zu vermehren.

Hinterradreifen: Pro 14 Pfund (6,5 kg), die über 140 Pfund (64 kg) hinausgehen, ist der Reifendruck um; Pfund/Quadratzoll (0,07 atm.) zu vermehren.

BSA

FSC
www.fsc.org
MIX
Papier | Fördert gute Waldnutzung
FSC® C083411

Kolibri 360 GmbH
Ferdinand-Jühlke-Straße 7
99095 Erfurt, Deutschland
produktsicherheit@kolibri360.de